U0046626

好想法 相信知識的力量

the power of knowledge

寶鼎出版

好想法　相信知識的力量

the power of knowledge

寶鼎出版

新零售狂潮

數據賦能╳坪效革命╳短路經濟
優化人、貨、場效率，迎接零售新未來

劉潤
《5分鐘商學院》暢銷書作者

CONTENTS 目錄

推薦序

消費者在，零售就在　林建江　10
看透新零售的本質　林翰霆　13
藉數位轉型達虛實無縫融合　張鈿浤　17
科技創新翻轉新零售　楊柱祥　20

致台灣讀者序　23

・・・

第一章
探尋新零售的本質

01 為什麼會出現新零售　31
馬雲、雷軍和劉強東的「不約而同」　31
王健林和馬雲的「億元賭局」　34

CONTENTS 目錄

02 理解新零售前，先理解零售 39

零售，連接「人」與「貨」的「場」 39

人：流量×轉換率×客單價×回購率 43

貨：D—M—S—B—b—C 48

場：資訊流＋現金流＋物流 52

03 什麼是新零售 55

到底有沒有新零售 55

新零售，就是更高效率的零售 57

第二章

數據賦能：線上、線下都不能代表新零售

01 零售，從來沒有「本質」的交易結構 62

「三流」如水，沒有本來的樣子 64

誰該為資訊流買單 69

02 資訊流：高效性vs.體驗性 76
網路：資訊流的高速公路 76
線下：無法取代的體驗性 79
新零售：用數據為體驗性插上效率的翅膀 83
03 現金流：便攜性vs.可信性 90
網路：前所未有的便捷 90
線下：見面，還是更值得信任 92
新零售：用數據建立新的信用 99
04 物流：跨度性vs.即得性 105
網路：全世界的好東西，向你飛奔而來 106
線下：我馬上想要，就要立刻拿到 108
新零售：大數據讓「快」和「近」殊途同歸 113

05 天貓小店：大數據助力線下零售 121
千店千面，精準匹配社區消費群體 123
便利商店，大容量「流量蒐集器」 126

第三章 坪效革命：從「人」的角度理解新零售

01 銷售漏斗公式 131
流量：一切與消費者的觸點 137
轉換率：提高轉換率，找對社群很重要 140
客單價：更透析數據，更洞察用戶 143
回購率：體現「忠誠度」 147
02 小米新零售，如何做到二十倍坪效 151
選址對比快時尚＋低頻變高頻 153
爆品戰略＋大數據選品 156
提高連帶率＋增加體驗感 159
強化品牌認知＋打通全通路 161

03 盒馬鮮生，被實體店面武裝的生鮮電商 164
想成大事，必須要頂層設計 166
現買現吃，打造極致體驗 170
為什麼必須用應用程式才能買單 172
三十分鐘物流打造「盒區房」 175
坪效革命，來自完全不同的交易結構 179

第四章 短路經濟：環節愈短，效率愈高

01 商品供應鏈：人與貨不必在商場相見 185
定倍率 188
短路經濟 193
02 好市多：M2B成就零售「優等生」 197
會員制引領好市多 200
低價格＋高口碑，會員費反哺利潤 202

CONTENTS 目錄

03 名創優品：M2b讓實體小店擁抱春天 207

黃金地段的小生意 208

別人投資，自己管理 209

聚沙成塔的規模效應 211

04 閑魚、瓜子二手車：C2C打開萬億二手市場 214

用「魚塘」構建C2C 217

二手車市場的「終極模式」 223

05 天貓小店：S2b賦能傳統雜貨店 227

給雜貨店配備「現代化武器」 229

零售業之外，超多小b等待賦能 232

06 海爾、必要、紅領：鏈條反向模式走高質低價路線 234

C2B：海爾的無燈工廠 237

反向V訂製：必要商城 241

C2M：紅領十五年的試驗 244

第五章 未來已來

01 變革時代的思維模式 258
進化思維：日心說不是本質，地心說更不是 259
本質思維：老司機未必懂車 264
系統思維：商業模式，利益相關者的交易結構 269

02 新零售的未來 275
代表工廠，還是代表用戶 276
為資訊流付費，會成為趨勢嗎 284
無人商業模式，是曇花一現嗎 290
蒐集流量，腦洞打開了嗎 299

・・・

後記 303

消費者在，零售就在

——林建江／世新大學企管系助理教授

二〇一六年十月十三日，「新零售」這三個字突然成為世界各國媒體關注的焦點。在杭州所舉辦的「二〇一六雲棲大會」上，阿里巴巴創辦人暨董事會主席馬雲指出，新零售、新製造、新金融、新技術，以及新資源將是未來三十年內的五大變革；小米執行長雷軍在同一天上午中國電子商務發展峰會上，正好也提出小米往「新零售」方向前進的說法。之後，京東集團董事局主席兼執行長劉強東所舉出的「第四次零售革命」一詞，似乎也與前述兩位所提到的「新零售」概念不謀而合。究竟新零售是真有其事？還是只是商人為了獲取更大利益而創造出來的「偽命題」？透過本書，讀者將有機會找到答案。

事實上，「零售業」存在已久。劉潤老師說：「零售其實就是把最終付錢的

『人』（消費者）和『貨』（商品）連接在一起的『場』。」不管是貨幣尚未出現之前的「以物易物」時代，或是貨幣出現之後的「銀貨兩訖」時代，零售的本質與其中的三個關鍵要素，實際上並沒有發生變化。率先推出郵購目錄的西爾斯（Richard W. Sears）是那個年代的新零售，業務的觸角幾乎深入了美國所有家庭，是當時如日中天的存在（西爾斯已於二〇一八年十月聲請破產保護）。沃爾瑪（Walmart）則是另一個時代的新零售，透過建立大型超市並承諾每日最低價（Every Day Low Price, EDLP），沃爾瑪成為全世界最大的零售商。隨著網際網路的普及，手機、平板電腦等行動上網設備在消費者日常生活中所扮演的角色愈來愈吃重，部分（或完全）透過這類設備來完成過去需要面對面才得以完成的消費行為，似乎成為理所當然的選擇；不過，這並不是零售的最終形式，未來勢必還會出現其他的變化。每個時代都會有那個時代的新零售。

在「新零售就是更高效率的零售」這個定義下，劉潤老師深入解析「人」、「貨」、「場」三個構成要素，透過「坪效革命」、「數據賦能」以及「短路經濟」等三個邏輯，利用一個又一個的案例為讀者詳細地描繪在他眼中的「新零售」；

透過簡單易懂的文字與那些台灣讀者或許早已熟悉也或許有些陌生的中國案例，劉潤老師提點了各種能夠優化產品在人、貨、場之間有效傳遞的現有解決方案。筆者的閱讀體驗不僅相當過癮，更不斷地在腦海回憶自己在其中某些案例企業消費的經驗，還有這些目前成效良好的解決方案，在台灣市場運作所可能造成的影響。

無論世界如何變化，只要有消費者存在的地方，零售業就不會消失；隨著技術的進步與消費者購物習性的變化，新零售也必然不斷出現，推薦這本好書給所有的台灣讀者，相信你們也一定可以在劉潤老師的筆下，得到屬於自己的收穫。

看透新零售的本質

——林翰霆／RefLink芮羚數字營銷執行長

自二十世紀九〇年代中期以來，伴隨著中國經濟的崛起和市場經濟的深化，零售行業也經歷了波瀾壯闊的變化，比如超市管道變革、百貨幾起幾落、電商全面鋪開、購物中心興起，以及便利商店的異軍突起。

當時間跨越二十年後來到二〇一九年，隨著一、二線城市商業面積趨於飽和，以及電商全面介入消費者生活，中國零售行業又面臨新的挑戰。這種挑戰首因來自經濟發展相對減緩，以至於外部發展紅利減少，次要則有資本大舉進入，導致對零售行業的深遠影響，以及數字化技術對於行業的全新塑造。

外部環境的變化，讓中國零售行業面臨更多挑戰，但同時也相應獲得了更多的機會，在當前的市場格局下，零售行業的決策者或許需要考慮兩方面的平衡。

首先是商品和服務之間的平衡

零售業的本質是為消費者提供適合的商品。因此為消費考找到性價比高的商品，並通過供應鏈的梳理讓商品的流轉效率提升，是企業必須關注的焦點。但隨著中國人均GDP（Gross Domestic Product，國內生產總值）突破八千美元邁向一萬美元，顧客消費中服務性消費的占比將持續走高。如何將服務性消費融入企業的經營，是零售高階主管必須關注的趨勢。永輝「超級物種」和「盒馬鮮生」的出現是商品服務化的體現之一，我們還可以挖掘更多服務融入商品的方式，並將服務理應獲得的價值體現在商品價格之串。

其次是體驗和效率之間的平衡

如今，消費者的良好體驗已被愈來愈多的零售企業所重視，線下企業對消費場景的塑造，對數字化和行動支付的推進，以及電商在配送時效和搜索效率方面的投入，都讓消費者的體驗愈來愈好。但是消費者體驗如何與零售企業最核心的效率之間保持平衡，也是不容忽視之處。按理說，更好的客戶體驗，能為企業來更高的盈利和坪效，或是為企業創造更多的獲利途徑。體驗和效率，偏廢任何一方，都難以持久。

最後我們要關注兩岸零售業態上本質的差異

很長時間以來，台灣的零售業以精緻化服務聞名，早期大陸的流通業高階主管都是台灣流通業背景出身，但「數字化」的來臨、支付系統的差異以及電商的興起，造成大陸零售玩法的多樣性以及豐富性。

在零售行業邁向數字化的今天，本書為我們帶來了大量成功案例，讓我們在關注科技、關注數字化的同時，也不忘記零售的本源和基本運行法則。同時，劉潤先生也從運營的視角，試圖挖掘零售業成功背後的規律，對台灣讀者應該有所啟發。

從我們公司本身長期在這行業的投入，體認到：「新零售」不是名詞，而是一個動詞。「新零售」代表的是零售效率的優化，本身是一個不斷漸進的過程。期許台灣的讀者看到劉潤撰寫的新零售案例，能融會貫通其中的基本功，發展出更適合台灣市場的新零售模式。

藉數位轉型達虛實無縫融合

——張鈿浤／神腦國際數位創新事業部總經理

實體零售行業經歷過多次的演進，逐步發展出百貨公司、連鎖超商、大型量販等多種形式，在二十世紀末達到高峰，通路為王主導了消費產業的發展與趨勢。

接著網路的誕生與電商的出現，零售行業被分成線上與線下兩種場景，當時消費者必須在家或辦公室使用電腦上網，線上與線下如同楚河漢界互不侵犯，電商快速發展但對實體零售的影響並不明顯。

但隨著智慧型手機普級，行動上網和社群媒體徹底打破了線上與線下的界線，將消費的主導權完全交回到消費者的手中。

未來零售行業不會再有線上線下之分，零售使命是提供消費者最完美的體驗與服務，在最好的時間，對的地點，通過合適的管道或工具，給消費者最貼心與滿意的商品與服務。為了達成這目標，線上與線下必須要有效率的整合，這就是所謂的新零售，數位轉型的浪潮不只襲擊零售行業，許多行業也都將面對數位轉型的課題，例如媒體業，金融業和醫療業等等。

本書將新零售的商業模式，透過「人」、「貨」與「場」的解析與交互作用逐一闡釋，並和目前的案例相互映證，相信可以給一般讀者清晰的新零售概念，也可以給零售同業讀者一個非常好的思考模式，進一步去省思如何去調整自己品牌或通路，在新零售的未來扮演有價值的角色。

新零售的趨勢無庸置疑，但該如何開始？該從哪兒開始？是否要先架設個電商網站和應用程式？相信是所有零售業者目前共同面臨的課題。新零售對一個企業而言，不單只是虛實進行整合，而是整個企業要藉由數位轉型去達成虛實無縫融合。

公司管理階層尤其是高階管理要確認新零售數位轉型的決心，影響將會是全公司各個部門，要共同找出線上和線下可提供給消費者的獨特價值，各個企業都應該有所不同，抓出改變的主軸並且規劃出相關流程，再進行系統的導入與調整，同時進行組織職能與目標的調整。

美國與中國有不少電商巨頭併購或投資實體零售業者的案例，強勢將線上的觀念以及流量導入線下，台灣目前似乎這種狀況較少，大多會是從實體零售業者自身發起新零售的變革。不論哪一種模式，勢必會遇到的棘手問題將是組織文化和基因的融合，電子商務和實體店面雖然都是在做零售，但是場景、概念、工具和營運重點都有滿大的差異。如何能夠順利引進數位的基因，又不會造成既有團隊的恐慌或抵制，每家公司的客觀條件和擁有的資源都不同，處理組織數位變革沒有標準做法與答案，但能夠確定的是不論線上還是線下企業，能夠愈快速有效率的融合虛實的基因產生綜效，就愈有可能在新零售的浪潮中占有重要的位置。與所有零售同業共同勉勵與努力。

科技創新翻轉新零售

——楊柱祥／群創光電總經理

跨入二十一世紀，科技正在衝擊傳統的商業模式。隨著網路與智慧型手機的普及，使消費者可以在任何地方、任何時間獲得資訊與購物，電商如火箭般的成長並直接地衝擊傳統線下的營業模式。

電商除了為消費者帶來了極大的便利性，同時也蒐集了用戶的消費行為數據。透過數據，商品供應方可以比對目標消費族群是否與其行銷策略相符，並實現逐步完善。電商則利用數據，更準確預測未來的銷售量以及送貨地點，進而能選定最佳的物流中心。

由電商發展的趨勢來看，線上崛起來自於其彌補了線下的缺點，如便利性、完整的消費行為數據蒐集，與更即時、準確的資訊提供等。然而從二〇一六年開始，線上零售成長速度放緩，原因是線下的實體優勢迄今仍是無法完全被取代的，例如消費者於線下門市可以直接體驗商品。更客觀地從數據解釋，整體線上的營業額約僅百分之十二，線下的營業額仍達百分之八十八。因此，線上與線下的整合已成為近年的趨勢，不論是傳統線下往電商發展，亦或是電商大舉投資線下門市，都是線上線下深入融合的最好證明。

傳統線下通路需耗費大量人力與時間定期更換紙本廣告海報，或是僅能從收銀機蒐集銷售結果數據，無法像電商一樣由總部統一即時且有彈性地調整行銷策略；並且消費者在哪些貨架停留，或對哪一層貨架上的商品感到興趣等資訊目前都無法被蒐集，缺乏更細緻的消費行為數據。

在出差行程中，我有機會親臨盒馬鮮生、Amazon Go實體店，有感於科技創新與人工智慧大數據正快速翻轉零售行為。作為全球主要領導TFT LCD面板廠之一，群創光電搭上新零售趨勢潮流，率先開發出專為新零售打造的一系列特殊尺寸「貨架條形屏」，以此作為載具來達到作者所提更高效的新零售，提供終端客戶更佳消費體驗。

不再是生硬的價格標籤，「貨架條形屏」是廣告＋行動銷售員＋消費數據中心的綜合體，除了推播吸睛的行銷廣告之外，在以數據為主導的變革中，也能整合各種科技例如觸控、重量感測器或人臉辨識鏡頭等，蒐集消費行為數據外，更可以透過螢幕連結到線上商店，創造出新的購物空間，達到作者所提坪效革命、數據賦能。

新零售這股狂潮已不僅僅是影響零售通路與消費者，更多的商業機會也就此誕生。作者走訪中國與美國重量級零售與電商業者，完整且深入淺出分析新零售精髓與實務應用，相信讀者可以從中找到切入市場的機會，一起搭上這股浪潮，共享新零售帶來的蓬勃機會！

致台灣讀者序

——劉潤／《新零售狂潮》作者

親愛的台灣讀者，你們好。

感謝寶鼎出版社夥伴們的努力，使得我的新書《新零售狂潮》來到你的面前。

回顧去年，有幾大風口不容錯過，人工智慧（AI）、自動駕駛和後來居上的區塊鏈，以及持續洗版的新零售。

為什麼要寫這樣一本書？其實原因很簡單，因為我看到了零售業面臨的一個個悖論。

過去幾年，零售業受到很大挑戰。零售巨頭沃爾瑪二〇一六年在全球關閉兩百六十九家店面，裁員一．六萬人；僅二〇一七年上半年，沃爾瑪在中國關閉的店面數量就達十六家之多。與之相對應的，則是人們很少逛實體超市了。我自己至少有一年多沒有去過沃爾瑪或家樂福這樣的大型超市。

超市的日子不好過，商場同樣慘澹。很多曾經火爆一時的百貨商場，現在門可羅雀。服裝專賣店的生意也並不好做。

而另一邊，電子商務看似高歌猛進，導致很多做傳統零售生意的人都非常痛恨電商，他們認為網路公司在掏空實體經濟。但事實是這樣嗎？

我們來看一組數據。當大家覺得零售愈來愈難做時，二〇一七年全年社會消費品零售總額三六六二六二億元[1]，比二〇一六年增長百分之十．二；當鞋類品牌達芙妮覺得鞋子愈來愈難賣時，二〇一七年鞋類消費總額比二〇一六年上漲百分之七．八。這說明消費者並沒有少買鞋子，反而買得更多了。

這是一個很有趣的悖論：很多傳統零售企業覺得「末日降臨」時，整個中國的消費品零售總額不但沒有減少，反而在增加。為什麼？

過去，我們說零售的本質就是要給顧客提供最好的商品，這是產品導向；要給客戶提供極致的服務，這是顧客導向。產品導向和顧客導向本身沒錯，但今天傳統零售企業沿用產品導向和顧客導向的打法，卻遇到很大問題，直接表現就是

1　以下幣值若未特別標注，皆以人民幣計算。

銷售額減少，這說明了什麼？

在這本書中，我會詳細闡釋到底是什麼原因，造成這些令傳統零售商們「苦惱」的悖論，以及到底什麼是新零售。

產品導向和顧客導向是不是零售的本質？事實上，產品導向和顧客導向的「失靈」，說明當下零售業的變革並非產品導向和顧客導向的創新，而是一個結構性變革。因為消費品零售總額在上升，一部分企業銷售額下降，一定有另外一部分企業賺到更多的錢，為用戶提供了更多的產品和服務。一部分零售企業因此遭受到前所未有的巨大挑戰。

為什麼零售業會面臨結構性變革？其實每一次新技術、每一個效率工具、每一種新生產關係的出現，都會大規模地改變一些商業模式。從整體方向上來說，一定是向效率更高的商業模式發展。

舉一個很容易理解的例子。在商業的底層邏輯中，有個概念叫定倍率。假如一件衣服生產出來的成本是一百元，消費者花五百到一千元買到手，意味著這件衣服的價格翻了五至十倍於它的生產成本，五至十倍就是其定倍率。

很多人都知道化妝品和保養品行業是「暴利」，這個行業定倍率達二十至五十倍，聽起來相當驚人，但事實確實如此。這表明，傳統零售和整個商業的供應鏈環節效率還不足夠高。

電商對中國零售業的衝擊要遠大於美國，其原因就是中國零售業的效率更低下。當一部分企業受到挑戰時，誰會做得更好？答案一定是效率更高的企業會做得更好，它們不但吃掉零售消費額的增量，同時也吃掉低效企業的存量。無論是小米、阿里巴巴，還是京東，其新零售都是用新科技之刀，砍向定倍率。

萬事萬物永遠是向前發展的。零售的打法、方法論也在商業實戰中被不斷優化，一直前進，最終成為新零售。那麼應該如何優化？

本書分享了三個研究邏輯，我稱之為「人」、「貨」、「場」。優化商品在人、貨、場之間的有效傳遞方式，就是新零售。

第一個邏輯是「坪效革命」。坪效是每一平方公尺場地產生的營業額。簡單地說，就是如何高效地為顧客提供最有價值的貨品，如何提高轉換率、客單價、回購率。

第二個邏輯是「數據賦能」。通過比較線上、線下孰優孰劣，研究如何利用線上、線下各自的優勢來提升零售效率。

第三個邏輯是「短路經濟」。定倍率過高，就是因為中間環節太多，在傳統零售模式下，要經過總代理、上級代理、次級代理等，才能進入商場。在這種情況下，商場其實扮演的是「二房東」，環節過多、效率過低。短路經濟，就是通過短路中間不必要的環節，從而提升效率。

新零售就是更高效率的零售。

二〇一六年十月，馬雲和雷軍都提出了「新零售」的概念，從那時起，我就開始構思這本書。我希望把自己對商業效率的理解融入新零售這一概念之下，搭建一個框架，更好地幫助所有研究零售、新零售和商業邏輯的人，幫助那些在時代急遽變革中，暫時找不到方向的焦慮的企業家，和他們一起理解這個時代的變化，找到自己轉型和創新的方向。

第一章

探尋新零售的本質

到底什麼是新零售？

零售有新舊之分嗎？真的有必要分嗎？

「給消費者提供最好的產品和服務」，零售的這一本質，難道不是從未變過嗎？

電商是新零售嗎？

連馬雲都投資了銀泰、大潤發、歐尚，零售難道不是在喧囂之後，開始回歸本質了嗎？

無人超市不是開始關門了嗎？無人貨架不是開始倒閉了嗎？

所以——到底什麼是新零售？

01 為什麼會出現新零售

馬雲、雷軍和劉強東的「不約而同」

二〇一六年十月十三日，在阿里巴巴雲棲大會的開幕式上，阿里巴巴集團董事局主席馬雲提出了「新零售、新製造、新金融、新技術、新能源」的「五新」概念。他說：

今天電子商務發展起來了，純電商的時代很快就會結束。未來的十年、二十年沒有電子商務這一說，只有新零售，也就是說，線上、線下和物流必須結合在一起，才能誕生真正的新零售。線下的企業必須走到線上去，線上的企業必須走到線下來，線上、線下和現代物流合在一起，才能真正創造出新零售。

一句「未來沒有電子商務，只有新零售」，讓「新零售」的概念正式誕生，並且瘋狂傳播。但是要說馬雲率先提出「新零售」概念，小米科技董事長雷軍是有一點兒不服的：其他四個新（新製造、新金融、新技術、新能源）我不和你搶，但是「新零售」這個概念是我先提出來的。雷軍在接受央視財經頻道採訪時說：「我們市場部考證了一下，好像全國第一個講新零售的人是我。我上午在一個地方講，馬雲下午在另一個地方講，我們在同一天講的。」

在阿里巴巴雲棲大會的同一天，雷軍在中國（四川）電子商務發展峰會上，確實提到了新零售。他說，希望用網路思維，做線上、線下融合的零售新業態，其本質是改善效率，釋放老百姓的消費需求。他還提到，有望成為「世界一流零售集團」的小米之家，實際上從二〇一五年起，就在實踐「新零售」，並在二〇一六年實現單店平均年銷售額一億元的業績，坪效是國內零售業同行的二十倍。

不管「新零售」這個概念到底誰先提出，如果它有生日的話，應該就是二〇一六年十月十三日。

很快，京東集團的創始人劉強東也迅速跟進，提出了「第四次零售革命」的概念。劉強東認為，零售業公認的革命有三次：百貨商場、連鎖商店和超級市場。現在我們經歷的是第四次零售革命，它是建立在網路電商的基礎上，但又超越網路的一次革命，將人類帶入智慧商業時代。劉強東把自己的新零售戰略，稱為「無界零售」。

三位商業大老，不約而同地提出了新零售（或無界零售），一夜之間，整個商業界，尤其是網路電商圈和傳統零售圈，幾乎人人都在談新零售。

為什麼會這樣？因為一路高歌猛進、一度所向披靡的網路電商，遇到了前所未有的挑戰。

王健林和馬雲的「億元賭局」

二〇一二年「中國中央電視台（CCTV）中國年度經濟人物」頒獎典禮上，馬雲和王健林同臺領獎。在臺上，王健林說：

中國電商，只有馬雲一家在盈利，而且占了百分之九十五以上的份額。他很厲害，但是我不認為電商出來，傳統零售通路就一定會死。

馬雲回應道：

我先告訴所有像王總這樣的傳統零售一個好消息，電商不可能完全取代零售行業。同時也有一個壞消息，它會基本取代你們。

王健林反擊：

二〇二二年，十年後的中國零售市場，如果電商在整個大零售市場份額占百分之五十，我給他一億。如果沒到，他給我一億。

誰也說服不了誰，那就只有兩個辦法：要麼打架，要麼打賭。首富們選擇了「打賭」。王健林的最小計價單位是「億」——小目標，那就訂一億吧；打個賭，那就賭一億吧。

這就是轟動一時的「億元賭局」。到底誰會贏，誰會輸呢？

「億元賭局」訂下的時候，電商發展非常迅猛，它挾著網路連接效率的優勢，幾乎席捲傳統零售。「百貨商場、連鎖商店和超級市場」，前三次零售業革命帶來的模式創新，在網路面前節節敗退，本來門庭若市的線下零售店門可羅雀。

幾乎所有人都開始為王健林擔心。但是，到二〇一五年左右，高歌猛進的網路電商漸漸遇到一個嚴重的問題：電商用戶的增速開始放緩。在一、二線城市，尤其是北上深杭[2]的用戶感知上，網路電商似乎已經統治消費者的購買行為。但

2　北上深杭：指北京、上海、深圳、杭州這四個中國企業的主要聚集地。

中國不僅限於北上深杭，不是只有年輕人和手機控。如果你冷靜地研究數據就會發現，到今天為止，網路電商銷售額其實僅占中國社會消費品零售總額的百分之十五左右，某些品類占比較高，也僅百分之二十左右。

這個比率正在增長嗎？還在增長，但增速已經明顯放緩。也就是說，最容易接受電商的那批用戶基本已經都上網了，剩下百分之八十至九十的人，由於習慣、地域、年齡等原因，讓他們上網買東西，可能就是一場持久戰。

而同時，因為見識到網路的巨大威力，大批賣家迅猛地從線下移到線上，開始依托交易電商（淘寶、天猫和京東等）、社交電商（微店、代購和微商等），以及內容電商〔微信公眾號、知識產權（Intellectual Property，IP）植入〕和直播電商等銷售商品。

用戶數量增速放緩，電商數量卻在迅猛增長。賣家比買家增長快，直接導致一個結果：網路電商獲得一個潛在客戶的成本，即所謂的「流量成本」愈來愈高，在網上做生意愈來愈難，網路的流量紅利迅速消失。

原來網路不是零售的萬能藥，至少不是速效藥。原來讓大多數人上網買東西，是要靠一兩代人的迭代才能實現的目標。更可怕的是，原來在網上買東西，並不必然意味著便宜。高歌猛進的網路電商，遇到了重大危機。

這個危機的跡象，其實從二〇一五年就開始顯現。為了寫這本書，我專門採訪了雷軍本人。他說：「我們當時犯的最大錯誤之一，就是忽視了線下。」阿里巴巴、小米和京東，都已經開始遇到增長壓力。怎麼辦？去哪裡找新鮮、便宜的「流量」？

這時，依舊被傳統零售占據著的百分之八十至九十廣大線下市場，自然而然就成為網路電商的進軍目標。

怎麼進軍？從網路的雲端向地面空投傘兵部隊，帶著最先進的裝備，攻打傳統零售的市場，這就是「新零售」。阿里巴巴、小米、京東，以及其他加入戰局的公司，雖然戰術各不相同，但戰略概莫能外。

一場由網路的流量危機引發的新零售變革，就這樣開始了。

阿里巴巴大舉投資傳統零售業（歐尚、大潤發等），正式提出S2b（Supply to Business，為小賣家提供一站式供應鏈服務）模式，並啟動天貓小店計畫，他們的新零售一號工程「盒馬鮮生」一夜竄紅。

同時，曾經號稱只做線上的雷軍也開始大舉進軍線下實體店，二十個月內，開了兩百四十家小米之家，並提出三年內開一千家線下店的「小目標」。

京東緊緊跟隨阿里巴巴的步伐。你提「新零售」，我就提「無界零售」；你開「天貓小店」，我就開「京東便利店」；你開「盒馬鮮生」，我就開「7Fresh」（線下生鮮超市）。

在新零售的戰場上，除阿里巴巴、小米和京東三支大軍外，還湧現出無數舉著新零售大旗的戰鬥力量，他們把自己叫作「無人超市」、「無人貨架」、「快閃店」……新零售的戰場，一夜之間，擁擠不堪。

回歸線下，就一定是新零售嗎？無人超市能扛起新零售的大旗嗎？我們再次回到最初的問題：到底什麼是新零售？

02 理解新零售前，先理解零售

到底什麼是新零售？

要理解新零售，我們首先要認認真真地靜下心來理解，到底什麼是零售。

零售，連接「人」與「貨」的「場」

零售是什麼？零售，是一系列商業模式的統稱，是通過某種「交易結構」，讓消費者和商品之間產生連接，把商品賣給消費者；反之亦然，讓消費者找到商品。用阿里巴巴的話語體系來講，零售其實就是把最終付錢的「人」（消費者）和「貨」（商品）連接在一起的「場」。這個「場」，可能是場景，可能是物理位置，也可能是一個呼叫中心，還可能是你去拜訪陌生客戶的行為。很多商業模式都可以算作零售，線下服裝店、超市，甚至一個扛著磨刀器具在路上吆喝的磨刀人。保險公司的呼叫中心不斷向客戶推薦他們的產品，也是零售的一種形式。

零售是整個商品供應鏈的最後一站，它的左手是所有為商品增值的參與者，而它的右手是顧客，是消費者。零售，是一個連接器、一個場景，幫助消費者找到商品，也幫助商品找到消費者。

從這個角度來說，海爾和蘇寧誰是零售商？顯然，海爾生產、製造冰箱，蘇寧把冰箱賣給消費者，蘇寧的店面作為一個「場」，連接了消費者和海爾的冰箱，所以蘇寧才是零售商。

始創於一八三七年的寶僑（P&G）公司是世界上最大的日用消費品公司之一，其所經營的三百多個品牌的產品暢銷一百六十多個國家和地區。寶僑強調自己是「零售品牌公司」，那麼它是一家做零售的公司嗎？

其實並不是。寶僑的產品確實面對終端消費者，但它並不是一家零售企業。寶僑生產的產品，比如洗髮精、洗衣精等盥洗用品，都是通過超市這個「場」與消費者連接，並促成銷售的。所以，真正做零售的，是那些賣場，而不是寶僑。寶僑生產、製造可以被零售的商品，但它自己不做零售。

零售的歷史，非常悠久。在「以物易物」時代，有人家裡養羊，有人家裡種水稻，有人想吃大米，有人想吃羊肉，於是產生了交換。怎麼交換？把羊牽到對方家去嗎？他可能除了換米，還想換棉花、換青菜，這樣一來就會非常麻煩。於是，這些有易物需求的人約定具體的交易時間和地點，後來交易的地點慢慢固定化，成為集市。

集市——商業地產的雛形，其作用就是連接商品和需要商品的人，即連接「人」與「貨」，我們稱之為「場」。集市本來是一個約定，但後來愈來愈固定，逐漸演變為今天的「商業地產」。

商業地產的發展，帶來了百貨商場。百貨商場也是一個把「人」與「貨」連接在一起的「場」。你（人）去商場買西裝，商場已經把西裝（貨）存在庫房裡，並留了幾件在外面，搭建好貨架、鏡子、試衣間這樣的環境（場）方便你試穿，你喜歡就買走。

後來，出現了連鎖商店、超級市場，你去買優酪乳、洋芋片，都是去一個把「人」與「貨」連接在一起的「場」。

再後來，出現了電商。電商也一樣，淘寶、天貓、小米商城、京東、有贊商城、直播電商、朋友圈代購、微商等，都是一個個「場」，賣家拿著「貨」去連接「人」，或是買家網聚「人」，一起去找「貨」。

零售的本質，是把「人」（消費者）和「貨」（商品）連接在一起的「場」。（見圖1－1）不管技術與商業模式歷經多少次變革，零售的基本要素，都離不開「人」、「貨」、「場」這

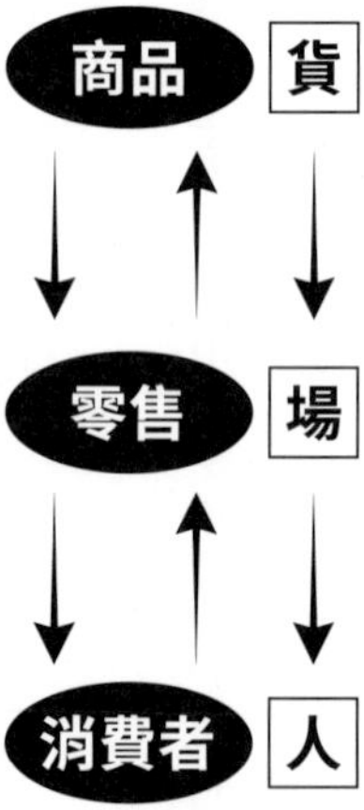

圖1-1

三個字。「人」、「貨」、「場」是零售業永恆的概念。

理解零售，研究零售，必須同時研究「人」、「貨」、「場」這三件事。

人：流量×轉換率×客單價×回購率

我們先來理解「人」。為什麼商家要給購物中心支付租金？租金的本質和邏輯是什麼？為什麼人流量愈大的地方，租金愈貴，被叫作「黃金店面」？

購物中心之所以收商家的租金，是因為購物中心為商家帶來了人流量，人流量才是真正的核心和價值。租金的本質，就是購物中心把人流量折算成一個價格，賣給商家。站在商家的角度來說，租金的本質，就是它付出的流量成本。

怎麼計算流量成本呢？假設一家商鋪的租金為每月二十萬元，一個月有兩千人進店。那麼，簡單計算一下，你就知道，這家商鋪為每一個進店的人支付了多少錢（二十萬元／兩千人＝一百元／人）。也就是說，這個商鋪的流量成本是一百元／人。

這家店的老闆會不會想從每個進店的消費者身上賺至少一百元，或者兩百元，甚至五百元呢？他幾乎一定會這麼想，因為不這麼想或者賺不到錢的商鋪，都已經關門了。

網路時代來了，購物中心的人流量大大減少，這個月竟然從兩千人降到了一千人。人流量腰斬，但是商鋪仍然要支付二十萬元租金。這就意味著，商鋪購買一個人的進店成本，也就是流量成本，從一百元／人提高到了兩百元／人。如果把商鋪搬到網上，還要不要支付流量成本呢？

當然要。比如，你在淘寶或天貓新開了一家網店，剛開始根本沒有人瀏覽。這時，你可以購買「淘寶直通車」按點擊付費的競價排名投放廣告，為網店的寶貝做精準推廣。消費者點擊一次，進入你的網店，就相當於在線下有一個人進店。按點擊付費的內在邏輯，就相當於線下按進店的人頭數，也就是流量付費。

打個比方，阿里巴巴作為平台方，它的商業邏輯相當於幫網店「拉客」，一個顧客就是一個流量，左腳進店，右手給錢。

同樣，線下商業地產的邏輯與之類似，只是手段不同。為什麼各地的萬達廣場都會引入沃爾瑪？為什麼沃爾瑪占地面積很大，但相對於其他商鋪來說，租金卻很便宜？原因就是沃爾瑪能夠幫萬達廣場吸引人流。一旦大量消費者去沃爾瑪之後，萬達廣場就會產生很多黃金店面，這些黃金店面能以很高的價格租給珠寶商、鐘錶商、名牌時裝等。所以，沃爾瑪幫助萬達吸引人流，珠寶商則幫助萬達把人流量變現。

今天，不管是萬達還是阿里巴巴，無論怎麼打賭，誰贏誰輸，其本質都是「吸引流量，再出售流量」的商業模式。如果把萬達叫做商業地產，那麼阿里巴巴就是「網路商業地產」；如果把阿里巴巴叫作「流量經濟」，那麼萬達就是「線下的流量經濟」，其商業本質沒有任何區別。人即流量。研究「人」，就是研究「流量經濟」。

研究「流量經濟」，具體來說，到底要研究哪些問題呢？其實，就是「銷售漏斗公式」。

銷售額＝流量×轉換率×客單價×回購率

線下開店、上門推銷、電話銷售、校門口擺攤，一切零售形態，最終都可以用這個公式來表示。（見圖1—2）

假如開一家服裝店、便利商店或者水果店，你的選址邏輯是什麼？有多少人會正好經過你的店門？用網路的語言來說，這些人就叫「流量」，用線下的語言叫作「人流量」。其實，在任何一個地方開店，本質上就是要獲得這個地方的自然流量。

一個人走進你的店，逛一圈什麼都沒買就出去了，你會很傷心，因為你付出的流量成本沒有轉換成銷售額。你希望一百個進店的人裡有三十個買東西，這個像漏斗一樣的過程，在網路上就叫作「轉換

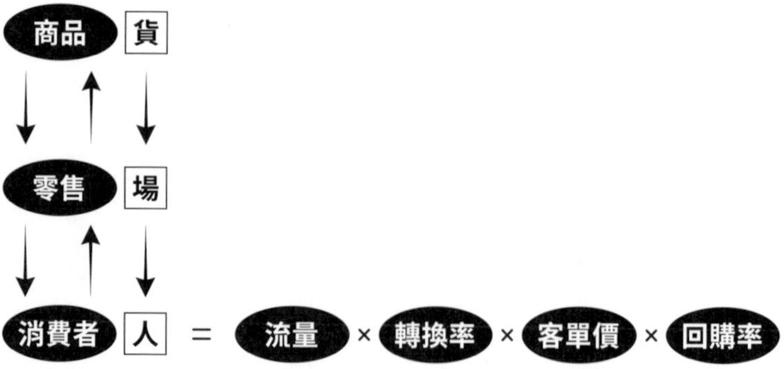

圖1-2

率」，線下叫作「成交率」，其本質是相同的。

如何提高轉換率？在線下，傳統的方式是通過商品陳列、店鋪裝修、店名指引以及各種打折促銷活動等。

有一個關於商品陳列的經典案例：在沃爾瑪超市裡，啤酒是放在紙尿褲旁邊的。原來，沃爾瑪在按週期統計商品銷售資訊時，發現一個奇怪的現象：每逢週末，啤酒和紙尿褲的銷量都很高。為了搞清楚這個原因，沃爾瑪派出工作人員進行調查。通過觀察和走訪，他們了解到，在美國有孩子的家庭中，太太經常囑咐丈夫下班後為孩子買紙尿褲，而丈夫在買完紙尿褲後，覺得今晚好無趣，於是又順手帶回自己愛喝的啤酒。

搞清楚原因後，沃爾瑪的工作人員打破常規，將啤酒和紙尿褲擺在一起，結果啤酒和紙尿褲的銷量雙雙激增，為商家帶來大量利潤。沃爾瑪的這種做法，在提高成交率的同時，又提高了客單價。

這樣的案例其實還有很多。一位女士買了一件小黑裙，會配一個小背包，還會想著要不要配一條絲巾？買絲巾時，要不要配一雙顏色搭配的鞋？把某幾樣商品放到一起後，會發現客人把這幾樣商品全買了，客單價隨之提高。

回購率，就是這個顧客走了，下次還會再來嗎？如果這個顧客覺得某個商品特別好，過幾天新款上市，他又來購買，甚至把這個商品推薦給身邊的朋友，這時商家就獲得了回購率。在線下，這叫作「回頭客」。

其實，零售從「人」的角度講，無外乎這四件事：流量、轉換率、客單價、回購率。

貨：D—M—S—B—b—C

琢磨「人」，挺有意思吧？琢磨「貨」，也挺有趣的。零售，是整個商品供應鏈的最後一站，它上游的所有供應商都是為商品增值的參與者，而它的顧客是消費者。這裡提到的「整個商品供應鏈」是什麼意思？

想像一下，一件商品從設計、生產到消費市場的整個鏈條，我們可以將其歸納為D—M—S—B—b—C。（見左圖1—3）

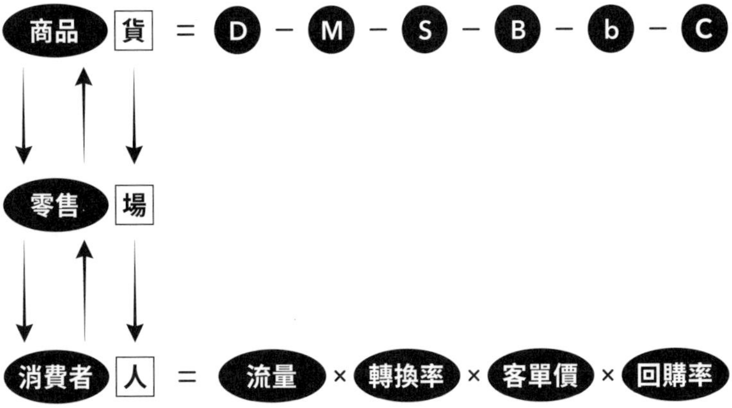

D = Design（設計），指產品款式的設計過程；

M = Manufacture（製造商），也有人稱其為工廠；

S = Supply Chain（供應鏈），通常指的是總代理、區代理、分銷商、經銷商等機構；

B = Business（大B，商場），指的是大賣場、超市、連鎖店等；

b = business（小b，商店），指的是雜貨店、地攤、微商等個人銷售者；

C = Consumer（消費者），也就是最終端的客戶。

圖1-3

在D—M—S—B—b—C這條商品供應鏈中，所有的角色各司其職。

以皮鞋為例，設計師（D）研究市場、研究人體、研究時尚，設計出一雙皮鞋，然後把設計賣給製造商；製造商（M）開模具，購買原料、設備，僱人把鞋子做出來；皮鞋通過總代理、區代理、市級代理等供應鏈企業（S），通過物流完成在全國的鋪貨，建立庫存；皮鞋陳列在大商場（B），或是微商的朋友圈（b），抵達消費者；最終，消費者（C）下單購買。

整個商品供應鏈，每個環節都有其獨特的價值，並為此獲得自己的利潤。但一般來說，我們把「D—M」稱為創造價值，做鞋子；把「S—B—b」稱為傳遞價值，賣鞋子。

創造價值有成本嗎？這雙鞋子的皮革、鉚釘、鞋帶，以及設計師、工人的薪資，都是製造成本；這雙鞋子通過通路商、零售商，產生的物流成本、倉儲成本、銷售成本，都是傳遞價值的成本，我們稱之為交易成本。

從「貨」的角度看，一雙鞋子的製造成本和交易成本之間的關係大概是怎樣的呢？在網路時代之前，一雙製造成本一百元的鞋子，交易成本大約九百元，加在一起，消費者要花一千元。

天啊，太誇張了吧？確實是這樣。在《互聯網+戰略版：傳統企業，互聯網在踢門》這本書裡，我專門講過一個概念，叫作「定倍率」。消費者花的錢，是商品成本的多少倍呢？對這雙鞋子來說，是一千元／一百元＝十倍。

所以在古代，很多人看不起商人（通路商、零售商），覺得明明是一百元的東西，生生被他們賣到了一千元。甚至在二十世紀五〇到八〇年代的中國，還有一項罪名叫「投機倒把罪」[3]。隨著對市場經濟的理解愈來愈深入，大家認識到，交易成本是商品不可能省掉的部分。沒有合理的交易成本，就沒有商業社會。但同時，大家一直在研究如何優化商品供應鏈，降低交易成本。

零售從「貨」的角度講，就是在研究D—M—S—B—b—C，以及如何不斷提高物流速度、減小庫存規模、縮短產銷週期，從而降低交易成本。

3 投機倒把罪：此名詞出現於改革開放初期，計劃經濟色彩仍濃厚的中國，用以懲罰買空賣空、囤積居奇等破壞經濟秩序的投機行為。

場：資訊流＋現金流＋物流

理解了「人」，理解了「貨」，那麼，零售是怎麼用「場」把兩者連接起來的呢？

任何一個可以被稱作「零售」的完整的「場」，其實都有三種東西，在「人」和「貨」之間像水、像電一樣不斷連接、流動與交互。這三種東西，就是資訊流、現金流和物流，它們隱藏在每一個購物過程中。

什麼意思？

舉個最簡單的例子。你今天想去商場買一件藍色襯衫，到了商場後，遠遠看見一件很漂亮的襯衫。你忍不住走過去，摸一摸襯衫的質地，麻的，很喜歡。然後翻了翻價格標籤，看一下價格能否接受。不算很貴，能接受。然後你問：「店員，我能試一下嗎？」

整個過程，你獲得了什麼？獲得了「資訊流」。衣服的顏色、質地、款式，價格高低以及是否合身，都是資訊，影響你是否購買的資訊。因此，資訊流是商家提供給消費者，幫助他決策的一個資源。

然後你說：「店員，我要買。」店員給你開張單子，你拿著單子去付款。你做了什麼？你完成了「現金流」的流轉。

你交完錢，店員已經把襯衫打包好，放在紙袋裡了。你把紙袋拎回家。這又是什麼？這是「物流」。

再比如我們去超市買東西，那麼多貨架，擺滿了礦泉水、牛奶、醬油和鹽……大型超市用兩層樓的面積展示眾多商品，目的就是提供「資訊流」。顧客想買某件商品，先摸一摸，然後看看是否過期、熱量有沒有超標等，這是「資訊流」；覺得不錯，把它放入購物車，推到收銀臺付錢，這是「現金流」；然後，自己開車或

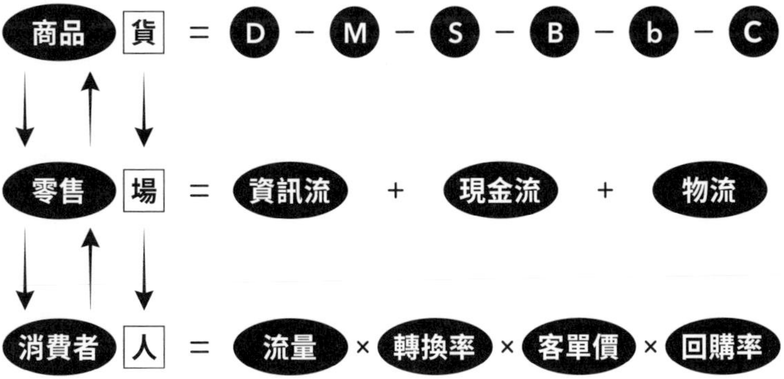

圖1-4

者坐超市旁的公車回家，這是「物流」。（見上頁圖1－4）

任何一種零售行為、零售形態，不管是商業中心還是淘寶店，只要我們不斷往下拆，剩下的都會是資訊流、現金流和物流這三大要素。只不過，在傳統的線下零售時代，人們非常自然地用被「封裝」的商業邏輯做生意，未必從「人、貨、場」的角度深挖過「零售」，更沒有從「資訊流、現金流、物流」的角度深挖過「場」。

這就像開了十幾年車的人，車從來沒有壞過，認為自己是老手，但他可能並不真的懂車，打開引擎蓋就不知所措了。開車的人未必懂車，只有修過車，才真的懂。

同樣的道理，在零售業做了幾十年的老手，就像老司機一樣，開車技巧非常熟練，但是車子一旦壞掉，零售業一旦面臨轉型，才發現自己不會修車，不懂零售的本質。

總結一下，零售的本質到底是什麼？

不論是百貨商場還是超市，不論是線下還是網路，不論是萬達廣場還是淘寶、天猫，都不代表零售的本質。零售的本質，是連接「人」與「貨」的「場」；而「場」的本質，是資訊流、現金流和物流的萬千組合。

03 什麼是新零售

到底有沒有新零售

當然有新零售。說沒有新零售的人，都是那些只會開車、不會修車的人。這些人車開得又快又穩，他們只會覺得是自己技術好，車能有什麼差別；車出了問題，他們只會熄火重啟，甚至連引擎蓋都不知道怎麼打開。

張瀟雨在他的「得到」專欄《商業經典案例課》講過美國零售簡史。一八八四年之前，美國的零售形態多為一手交錢、一手交貨的布店、豆腐店，效率很低。鐵路出現後，遠程購物變為可能，於是西爾斯發明了郵購，並提供自由退貨和貨到付款服務。

西爾斯利用鐵路這個新技術，創建了郵購模式這個「場」，連接了「人」與「貨」，是當時資訊流、現金流和物流更高效率的創新組合，所以西爾斯很快成為美國零售業第一名。

西爾斯，是十九世紀的新零售。後來，因為另外一項新技術——汽車的出現，使得在租金便宜的郊區，用大型賣場蒐集大量需求成為可能。於是，沃爾瑪發明了大型超市，並承諾天天低價。

沃爾瑪利用汽車這個新技術，創建了大型超市模式這個「場」，連接了「人」與「貨」，是當時資訊流、現金流和物流更高效率的創新組合，所以沃爾瑪也很快成為美國零售業第一名。

沃爾瑪，是二十世紀的新零售。

最近十年，網路、行動上網、大數據、社交軟體、人工智慧……新技術層出不窮。新零售消費者與商品之間的路徑愈來愈短，資訊流、現金流、物流的連接方式日新月異。

二十一世紀的新零售，呼之欲出。

新零售，就是更高效率的零售

在馬雲提出「新零售」概念不久後，阿里巴巴集團首席執行長（CEO）張勇也對此做出解讀：

圍繞著「人、貨、場」中所有商業元素的重構是走向新零售非常重要的標誌，而其核心就是商業元素的重構是不是有效，能不能真正提高效率。

效率，是新零售的核心。我在訪談小米創始人雷軍和盒馬鮮生創始人侯毅時，他們都不約而同地說了一句話：

新零售，就是更高效率的零售。

西爾斯、沃爾瑪都大幅度提高了其所處時代的「人、貨、場」的效率，是更高效率的零售，是那個時代的新零售。

怎樣才能利用新技術，提升這個時代的零售效率呢？用數據賦能，提升「場」的效率；用坪效革命，提升「人」的效率；用短路經濟，提升「貨」的效率。

第二章

數據賦能：

線上、線下都不能代表新零售

新零售，可以說是阿里巴巴率先舉起的一面大旗，後入場的騰訊雖然失了先機，但兩者殊途同歸，最後的落點都是「數據賦能」。

阿里巴巴執行長張勇為新零售做出的解釋是：「用大數據賦能，進行人、貨、場的重構。」

在二〇一八年「兩會」後的媒體採訪中，馬化騰談到騰訊為什麼頻頻布局線下零售：「原來零售企業和電商是對立的，是一個此消彼長、互斥的業態，所以過去這十幾年零售企業很悲觀，基本上被線上的電商侵蝕了其原有的份額。現在我們發現，傳統零售和線上電商彼此間的融合開始了，已經不再互斥。用戶的體驗需要線上、線下整合，傳統線下的體驗是沒法簡單用線上替代的，畢竟人作為一個實體，總要生活在周邊。」

因此，很多企業希望尋找一套合適的數字化解決方案。在這個基礎上，騰訊當然也要抓住機會，通過數字化機遇打通人、貨、場。

馬化騰進一步解釋了騰訊的定位——不做零售，甚至不做商業，更多的方案是助力、賦能，提供一層很薄的能力，包括用戶的連接能力、小程序、公眾號、雲、人工智慧等。它們都是為用戶服務的，同時聯合周邊的生態合作夥伴、開發商一起為用戶服務，這對騰訊來說沒有利益衝突。

這就是騰訊的新零售，馬化騰稱之為「智慧零售」，其核心也是數據賦能。用「數據賦能」提升「場」的效率，是新零售的三大核心邏輯之一。數據是新時代的「能源」，數據無色、無味、無形，卻默默地「滋潤」著資訊流、現金流和物流，讓零售質變為更高效率的零售。

在全新的零售革命下，誰的數據賦能力強，誰就能獲得這次革命的關鍵籌碼。

01 零售，從來沒有「本質」的交易結構

二〇一五年三月八日，阿里巴巴做了一件在傳統零售看來，極不「道德」的事情。

這一天，阿里巴巴推出「38掃碼生活節」活動。這個節日怎麼過呢？按照活動規則，從三月八號上午九點開始，用戶只要打開手機淘寶客戶端，掃描想要購買商品的條碼，就可以查詢到該商品當天在淘寶上的價格。阿里巴巴官方承諾，淘寶售價將比實體店便宜，基本為半價，會有眾多生活必需日用品參加活動，但每個用戶當天能享受到的優惠上限為一百元。

半價，這還得了！當天，很多人用手機淘寶客戶端掃描家裡已有物品的條碼，發現還真是半價。不少消費者覺得自己家裡能掃的東西太少，紛紛跑到超市去掃貨架上的商品。

消費者在超市裡，拿著手機掃描貨架上商品的條碼，就會看到商品的價格等相關資訊，以及淘寶的銷售連結，甚至還有同類商品推薦。大家發現，同樣的商品，淘寶的售價明顯更便宜，下單還能享受送貨到家的服務。所以很多人在超市裡「逛」，在網上「買」。

阿里巴巴官方發布的數據顯示，活動開始後的十分鐘內，就有三十八萬用戶參與，他們通過掃條碼購買的商品總額，相當於一線城市十個大型超市一天的總銷售額；萬包「花王紙尿褲」在開搶三分鐘內全部售罄，相當於線下五家大型超市單日銷量的總和；一小時內，「金龍魚非轉基因黃金比例調和油」的銷量相當於線下一百二十五個大型超市一天的銷量。

消費者們在超市裡「逛」，在網上「買」的行為，讓傳統超市在這一天變成了淘寶的線下體驗店。這讓很多超市難以接受：「天啊，阿里巴巴你也太不『道德』了吧？說你在吸乾實體經濟的血，一點兒也不冤枉吧？」

我們不要著急做價值判斷，評價誰好誰壞。先從理性的商業邏輯的角度，理解為什麼會這樣。

「三流」如水，沒有本來的樣子

在前文「理解新零售前，先理解零售」這一節裡，我們說到了零售的本質。

零售的本質，是連接「人」與「貨」的「場」；而「場」的本質，是資訊流、現金流和物流的萬千組合。

到底為什麼會出現「38掃碼生活節」，從傳統超市吸走有利可圖的「買」，而留下巨大成本的「逛」這種現象？我們從傳統超市這個「場」的資訊流、現金流、物流的角度來進行分析。從資訊流、現金流、物流的角度理解零售的方法論，會貫穿本章的始終。

傳統超市的零售模式中，資訊流、現金流和物流是如何組織的？

你在超市裡逛，看到琳瑯滿目的商品，在這些商品中挑選，看品牌、看介紹、看成分、看保存期限，甚至還會捏一捏、摸一摸、聞一聞。通過這些行為，你獲得了資訊流，用來幫助你決定買或不買的資訊。

你決定買，把商品放入購物車，推到收銀臺付款。付款，也就是買這個行為，幫助你這個「人」和超市的「貨」之間，完成了現金流的交換。逛和買的關係，是「逛」獲得資訊流，「買」付出現金流。

然後，你把「貨」裝進塑膠袋，放入手推車，推到停車場，放進後車廂，開車回家。你和超市共同完成了物流。超市完成了從工廠到超市這一段，你完成了從超市到你家這一段。

資訊流、現金流、物流，這就是超市「三流」的組織方式。看上去自然而然，似乎它們本來就應該這麼組織。但是，如果你願意打開「引擎蓋」，端詳裡面複雜的交易結構，仔細思考，也許你會有一些疑問。

超市給你提供資訊流，讓你看、摸、聞的時候，有沒有付出成本呢？當然有成本。那麼大的面積，有租金成本；充足的現貨讓你挑，有庫存成本。另外，水電、消防、員工薪資、損耗、失竊等，都是成本。

超市花了巨大的成本為你提供資訊流，可是，它向你收費了嗎？超市有沒有對你說：根據我們的人工智慧攝影機顯示，你看了兩眼牛排，拿起過三袋不同的洗衣粉，還仔細看過四種牛奶的成分清單。為此，請支付給我十七・六元資訊費，不然不准走。

沒有，超市並沒有為向你提供資訊流而收費，這些資訊是免費的。

這就奇怪了，展覽館花成本提供藝術品展覽，提供資訊流，你享受了展覽館的服務，所以要付費；超市同樣花成本提供商品展覽，也提供資訊流，你也享受了超市的服務，為什麼卻可以不付費呢？

因為超市相信，大部分有購買意願的消費者，在看完、摸完、聞完商品，獲得資訊流之後，如果感興趣，多半會直接購買。如果消費者直接購買，之後的現金流、物流也一定會在超市內部完成。逛和買，在傳統超市中，幾乎是不可分割的。資訊流、現金流、物流在這裡形成了一個閉環。在這個閉環中，雖然超市不以資訊流收費，但既然現金流也在這裡完成，那它就可以賺商品的差價。

所以，傳統超市的交易結構是：用商品差價，補貼資訊流成本。只要現金流的差價能涵蓋資訊流的成本，超市就有錢賺。

可是，網路的出現，導致資訊流、現金流和物流的閉環被完全拆開，並重新組合。

現在，我們再來理解「38掃碼生活節」到底幹了什麼。既然傳統超市你自願提供免費的商品展示，免費的資訊流，那我替萬千消費者感謝你。消費者們，超市花巨額資金給你們提供資訊流，趕快去逛吧，不看白不看。可是，拿到資訊流，決定買了，請到淘寶下單。為什麼？因為我們沒有租用那麼大面積的場地，不需要備那麼多庫存，也沒有那麼高的水電、消防、員工薪資、損耗、失竊成本，所以我們的價格比超市更便宜。所以，消費者們，請去傳統超市逛，來我們這裡買。

「38掃碼生活節」的本質，是打破傳統超市「用商品差價，補貼資訊流成本」的交易結構，重組為「線下獲得資訊流、線上付出現金流」的新交易結構。

在線下獲得資訊流、線上付出現金流的新交易結構下，很多與超市類似的線下零售都受到根本性的打擊。最直觀的體現是，大家去超市的次數愈來愈少，在網上買東西的次數愈來愈多，離生活中心五公里之外的大型超市愈來愈難經營。因為超市把資訊流、現金流、物流强行捆綁的方式開始受到挑戰，而其自身漸漸成為消費者免費獲得資訊流的體驗場。

作為一本商業書籍，我們不從道德的角度評判淘寶的行為，只從商業理性的角度來分析。資訊流、現金流、物流像水一樣，沒有本來的樣子，也沒有「道德」的樣子。這就是一個交易結構取代另一個交易結構的過程，沒有感情，沒有惡意。正如《三體》[4]裡說的：

我消滅你，與你無關。

4 《三體》：由中國作家劉慈欣於二〇〇六創作的科幻小說。

誰該為資訊流買單

讀到這裡，也許你會不寒而慄。傳統零售就該被電商吸血嗎？到底誰該為資訊流買單？如果傳統零售都被電商吸血吸死了，誰來提供資訊流呢？電商最後不也會死嗎？

資訊流、現金流、物流的水，從「用商品差價，補貼資訊流成本」，流向「線下獲得資訊流、線上付出現金流」，但不會停在這種互相為敵、你贏我就輸的中間狀態，還會不停演化，繼續融合，直到所有人都獲益，同時更高效、更穩定的新交易結構出現。

這種「所有人都獲益，同時更高效、更穩定的新交易結構」，就是「新零售」。

舉一個例子。很多消費者不喜歡在網上買鞋，主要原因是鞋這種商品存在一定特殊性。鞋的款式不同，會導致鞋碼不準，很多時候一定要穿在腳上，親自試過，才知道合不合腳，而這一點，網上店鋪很難滿足。所以，很多人在網上看到耐吉（Nike）出了一款新鞋，覺得款式、價格都合適，但不會輕易下單，他會去耐吉的線下專賣店試一下，再決定是否購買。

「一定要試穿才知道合不合脚」，這說明網路提供的資訊流太簡單，不足以支撐買或不買的決定。而線下的體驗，是更強大的資訊流工具。

為了獲得更多資訊流，消費者去線下專賣店試穿。試完之後，覺得很合脚，打算買。可是，線下實體店的價格要比網上的貴許多。這時，消費者可能會對銷售員說：「你看，這雙鞋網上只賣七百元，你這兒賣一千兩百元，我在這也試了半天了，你能不能也七百元賣給我？這樣我就直接在你這兒買，不去網上買了。」

聽上去這個要求不過分吧？這時候，銷售員很可能會對你說：「親，真不行啊。這雙鞋進價六百元，我賣一千兩百元，但每雙鞋，我都要給商場交百分之三十的抽成。一千兩百元扣三成，我還能剩八百四十元，勉強賺兩百四十元付薪水。如果賣給你七百元，扣掉商場的三成，我只能拿到四百九十元，連進價都不夠！真不行啊！」

消費者想：我是很想在你這兒買，但確實貴太多。你不肯便宜賣，就怪不得我了。然後，他理直氣壯地離開，在網上買了那雙鞋。

這個問題，和超市的問題幾乎是一樣的。消費者通過體驗，享受了線下實體店的資訊流，但是線下經銷商支付了資訊流成本，現金流卻被線上搶走了。久而久之，線下經銷商會被線上擠對得開不下去，變得愈來愈少，最終關門。

怎麼辦？解決這個問題的辦法，是交易結構的進一步優化：用品牌商體驗店，取代代理商加盟店。

最不想讓代理商關門倒閉的是誰？是品牌商。代理商賺不到錢都關門了，誰來幫品牌商賣鞋子呢？只通過線上不現實，因為消費者總是要在線下試穿，獲取資訊流。只要這種需求存在，實體店就會繼續存在。

但是，經銷商不可能永遠承受免費提供資訊流的代價，總有一天會不願再當「冤大頭」。那誰來為提供展示、試穿的資訊流買單呢？品牌商。

未來，線下會有愈來愈多的「品牌體驗店」。所謂品牌體驗店，是指我開店的第一目的，就是為了讓你看、讓你摸、讓你聞、讓你喜歡上我的產品，而不是銷售。不以銷售為第一目的，經銷商就賺不到足夠的差價，他們不會接受。沒關係，那品牌商就自己開，自己支付租金成本。

在品牌體驗店裡，遇到了同樣的顧客，說：「你看，這個鞋子網上只賣七百元，你這裡賣一千兩百元，我在這也試了半天了，你能不能也七百元賣給我？這樣我就直接在你這裡買，不去網上買了。」這時店員可能會微笑著對他說：「沒關係，那你去好了。」

為什麼？因為無論線下還是線上購買，收入都是品牌商的。甚至，對財務來說，體驗店的租金、庫存等資訊流成本，未來會被計入品牌及行銷成本內，而非銷售成本。那如果品牌商開不了這麼多體驗店，怎麼辦？未來可能會有大批代理商轉型為服務商，專門提供幫助品牌商開體驗店的服務。品牌商考核它們的，不再是銷售額，而是用戶滿意度。

進一步說，代理銷售店向品牌體驗店的轉型，可能會進一步帶動百貨商場收取抽成的聯營模式，向購物中心的租金模式轉型。

未來，每一個商業地產的位置上，依然都是店面。只是這些看上去差不多的店面，背後的交易結構會悄悄發生變化，愈來愈多代理銷售店會變為品牌體驗店，愈來愈多以銷售為目的的百貨商場，會變為以體驗為目的的購物中心。

聽上去太不可思議了。這是臆測，還是真的在發生的趨勢呢？

二〇一七年十月，耐吉公司執行長宣布，把原本在全球合作的三萬家零售商，縮減為四十個合作商。這四十個精挑細選的合作商，必須有能力運營獨立的體驗店。未來，耐吉的官網和應用程式（App）會成為主要銷售管道，而體驗店則注重為用戶提供更好的體驗。

每一件事情背後，都有其商業邏輯。耐吉正在踐行「用品牌體驗店取代代理銷售店」的新零售邏輯。

除了耐吉外，愈來愈多的品牌，正在嘗試「不賣貨」的實體店鋪戰略。

二〇一六年，荷蘭內衣品牌Lincherie在阿姆斯特丹開了一家「只能試不能買」的線下體驗店。顧客用高科技穿衣鏡試衣，然後在數字設備上下訂單。四十八小時內，送貨上門。不賣貨，還帶來一個好處，不用在店面備庫存，租金成本、庫存成本大大降低。

二〇一七年，美國著名的高端百貨公司Nordstorm也在洛杉磯開了一家「不賣貨」的實體店。這家店的面積只有三百平方公尺，主要提供個人造型、服裝修改、店內提貨、退貨、修改訂單等服務。線下體驗，線上購買，線下服務，成為其核心。

資訊流、現金流、物流在網路的幫助下，正在用線上的數據強項，賦能線下的體驗優勢，從傳統的「用商品差價，補貼資訊流成本」流向「不賣貨的體驗店」。這種被線上賦能的線下零售，就是「新零售」。

正如雷軍所說：

我們要從線上回到線下，但不是原路返回，而要用網路的工具和方法，提升傳統零售的效率，實現融合。

「不賣貨的體驗店」，是新零售的一個趨勢，但一定不是唯一的趨勢。那麼，怎樣才能在「不賣貨的體驗店」這種新零售趨勢來臨之前，就事先洞察、提前布局呢？

這就需要我們重新理解網路和線下。網路從來不代表「先進性」，它只是具有一些「獨特性」；同樣，線下零售也從來不代表「本質性」，傳統零售人覺得永遠不會變的，可能也只是一些線下帶來的「獨特性」。理解這些特性，理解線上和線下彼此的優劣勢，才能洞察資訊流、現金流和物流的流向，提前布局新零售。

02

資訊流：高效性 vs. 體驗性

為了洞察，甚至預測新零售的趨勢，從這一節開始，我們將討論資訊流、現金流和物流在網路和線下，分別有什麼獨特性，藉由這些獨特性，可以如何重組新零售。

網路：資訊流的高速公路

我們先從資訊流開始，從一種司空見慣的行為「貨比三家」講起。

自從人類歷史有了交易，「貨比三家，擇優而選」就一直是人們堅守的購物法則。你去菜市場買菜，如果時間充足，可能會從頭走到尾，挑最新鮮、價格又實在的蔬菜購買。買日用品、服裝、電子產品等，無不遵循這個原則。下面這個例子，你一定似曾相識。

某一天，你去北京的王府井百貨大樓買襯衫，逛了一圈看中一件襯衫，售價六百元；然後，你跑到新東安商場，看看同款襯衫的價格，發現這件襯衫賣七百元；你還不甘心，又跑到另外一家商場，結果同一品牌的同款襯衫賣八百元。綜合比較，還是王府井百貨最便宜，於是你又折回去，用六百元購買了這件襯衫。

雖然過程有點兒折騰，但用最少的錢買到了心儀的襯衫，你的內心還是很滿意，覺得沒白折騰。

這種購物經歷幾乎每個人都有過。為什麼在購物時要貨比三家？主要原因是資訊不對稱，你去王府井大街購物時，並不知道這三家商場裡同款襯衫的價格，不得已只能一個個去看。如果有一種科技，能在你剛到王府井時，就通過人臉識別判定你是來買襯衫的，然後入口的電子看板上會顯示這件你想購買的襯衫在王府井百貨賣六百元，新東安賣七百元，另一家賣八百元，那你還會「貨比三家」嗎？你可能會直奔王府井百貨。

為什麼你以前會貨比三家，而王府井入口有了電子價格顯示看板後，你很可能就不再貨比三家了？貨比三家這種行為之所以存在，是因為傳統零售的資訊流效率很低。

「電子價格顯示看板」這種設想，在傳統的線下購物場景中很難實現，但是在網路線上購物中，就很容易。你想買襯衫，在天貓搜索一下，在網速很慢的前提下，也僅需幾秒鐘，就能知道這件襯衫在不同專賣店的具體價格、有沒有打折活動等。

此外，只要是你想買的東西，淘寶就能讓你買到。比如，你想買一個角色扮演（cosplay）用的假髮或者服裝，去家樂福、沃爾瑪等大型超市很難買到，淘寶上卻有成千上萬的商家提供這類商品。所以，很多人驚嘆「萬能的淘寶」。

為什麼淘寶可以「萬能」？因為它提供資訊流的效率大大提升，又快、又全、又便宜。包羅萬象，又方便比價，讓淘寶成為中國最大的「百貨商場」。二〇一七年「雙11」購物節當日，僅阿里巴巴就創造一六八二億元的銷售神話。一千六百多億是什麼概念呢？已經將近整個蒙古國一年GDP的三倍（二〇一七年前三季，蒙古國GDP僅為八一．五四億美元，折合人民幣約五百億元）。

所以，網路提供的資訊流，相對於線下，具有非常明顯的獨特性，那就是高效——又快、又全、又便宜。

那麼，因為資訊流的高效性，網路就可以幹掉傳統零售嗎？並沒有。

中國商務部在二〇一八年二月一日公布了一組數據：二〇一七年中國社會消費品零售總額為三六．三兆元，其中線上零售額為五．五兆元，占比百分之十五。雖然網路電商看上去非常先進，但是依然有百分之八十五的消費發生在線下。

為什麼？因為網路電商相對於傳統零售，是提升效率的典範；但在提升效率的同時，也損失了體驗性。

線下：無法取代的體驗性

長久以來，體驗性一直是網路購物難以企及的高點。以買衣服為例，人們在網上買衣服，因為摸不到料子，也無法試穿，只能憑自己的眼光和感覺。一旦看走眼，就會上演不順心的買家秀和賣家秀。

再比如，你想買個床墊。在網上，你只能看到床墊的長、寬、高等規格，以及這個床墊有二十個彈簧支撐、進口乳膠、採用最先進原理設計等文字描述。就算照片拍得再具體、再精美，你還是感受不到床墊給你帶來的，只有躺下去才能體驗到的舒適感。

網上賣一千兩百元一張的床墊，到底要不要買？買回來會不會真的舒服？有的人會「賭」上一把，但更多的人還是會選擇線下實體店，在商場的床墊上躺一下，真切地感受床墊給後背和脊柱帶來的支撐。如果感覺很棒，很快就能做出購買決策。

有位在宜家（Ikea）負責銷售床墊的銷售員曾分享過一個故事，一位顧客躺在宜家的床墊上睡著了，另一位路過的顧客看了半天後問，躺在床墊上的是真人還是道具？後來，這位銷售員搖醒那位熟睡的顧客，據說他醒來後就買下了那款床墊。

在美國，有一家專門賣床墊的電商Casper，採用「不設實體店、拋開中間商、試用四十天」等網路打法，一度讓傳統床墊零售行業感到緊張。Casper在產品推出最初二十八天內，其銷售額就已超過一百萬美元；二〇一五年全年Casper在美國本土的銷售額已達一億美元。

然而，銷售額野蠻增長了三年後，Casper發現床墊銷售根本不能完全避開實體店。於是，二〇一七年，Casper拿到美國零售巨頭塔吉特（Target）領投的一·七億美元融資，並通過塔吉特在美國的一千兩百個店面來銷售它的產品。進入零售商場後，Casper發現廣告價格和市場預算減少了，更重要的是，退貨也減少了。

這就是線下零售無法取代的體驗性。網路擅長資訊流的「高效維度」：更快、更全、更便宜；線下擅長資訊流的「體驗維度」：更複雜、更多感、更立體。「複雜、多感、立體」的資訊流，很難通過數據和圖片傳遞，我們稱之為「體驗性」。所謂體驗性，就是複雜資訊，這是網路目前無法替代的。電商大老們也試圖用技術手段解決線上體驗性較差的難題，但目前並未找到完美的解決方案。

二〇一六年被稱為「虛擬實境（VR）元年」，阿里巴巴也試圖通過虛擬技術改造線上的購物體驗。當年十一月一日，經過幾輪造勢後，阿里巴巴正式推出虛擬購物產品Buy+。這是阿里巴巴虛擬實境實驗室的一項業務，也是其首次公開的虛擬實境戰略項目。簡單來說，就是戴上虛擬實境眼鏡，還原真實的購物場景，足不出戶體驗購物的快感。

阿里巴巴的Buy+服務，選擇從海淘業務「天貓國際」入手，消費者打開Buy+，就像進入一個日常的房間，房間的牆上掛著七幅圖片，對應世界各地的七個商場——美國塔吉特百貨、梅西百貨（Macy's）、好市多（Costco）、日本松本清藥妝店等。用戶只需戴上虛擬實境眼鏡，點擊照片牆上的圖片，即可進入對應的虛擬場景，瀏覽、選購商品。

二〇一七年七月「淘寶造物節」，馬雲又宣布升級Buy+服務，改為ARBuy+。擴增實境（AR）是一種增强現實技術，在體驗期間，你只需在手機淘寶中打開ARBuy+中的掃一掃功能，掃描商品，即可進入擴增實境購物世界，無須佩戴虛擬實境眼鏡。

但是，這兩項技術目前都還不夠成熟，虛擬實境眼鏡長久佩戴會產生眩暈感，擴增實境也依然不如線下體驗來得真切。戴上眼鏡，更像是在看動畫片，而不是真人電影，很難入戲。用虛擬現實改善網路的「體驗性」，方向正確，但路途還很遙遠。

新零售：用數據為體驗性插上效率的翅膀

那麼，問題來了，我們能不能把線上高效率和線下體驗性結合起來？新零售的方向，必然是結合網路資訊流的「高效性」和線下資訊流的「體驗性」。（見下頁圖2—1）誰能先想到怎麼結合，誰就能率先開啟新零售的大門。

小米公司，可能拿到了第一把鑰匙。二〇一五年九月十二日，第一個小米之家線下體驗店在北京市海淀區當代商城六樓開業了。小米之家的設計，非常強調體驗性，其貨品陳列比無印良品（MUJI）寬鬆，比蘋果商店密集。小米之家並非傳統手機賣場，而是類似於沃爾瑪、無印良品這樣的百貨零售店。在小米之家，不僅陳列了小米手機，還有小米筆記本、空氣清淨機、淨水器、米家壓力IH（電磁誘導加熱技術）電子鍋等智慧家居產品，以及小米手環、行動電源等手機周邊配件。

這些商品來自小米的生態鏈企業，平均一週左右就能提供一個新品。為了吸引客流，小米還推出一些季節屬性强、價格便宜的單品，比如，六十九元的品羅晴雨傘、十九元的米家簽字筆等。

以前，很多人都不知道小米竟然有這麼豐富的產品。現在，這些產品都放在你面前，你可以在店裡慢慢體驗，用手去摸一摸產品的質感，甚至打上幾局游戲，體

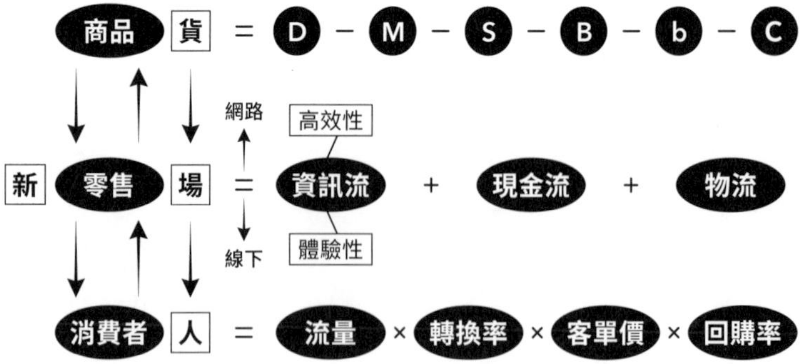

圖2-1

會不同中央處理器（CPU）、記憶體帶來的快感。在小米之家，你甚至可以親眼看到小米淨水器帶來的水質改變，關注健康的人一定會對此心動。

這就是「不賣貨的體驗店」。但是，小米的另一個決定，讓這個不賣貨的體驗店賣貨效率出奇的高。那就是「線上、線下同價」。

顧客體驗完，覺得喜歡，想買。上網一看，哇，體驗店的價格居然和網上一樣，那幹麼不現在就買下來拿走呢。

雷軍給我講過一個故事。在北京五彩城的小米之家，有很多韓國留學生經常光顧。每一款產品他們體驗之後都很喜歡，於是就買了一個二十八吋的行李箱，拚命往裡裝小米產品，裝滿為止。回到韓國後，他們把一箱小米產品賣給韓國人，可以賺不少錢。然後，這些韓國留學生再往空箱子裡裝滿韓國化妝品，帶回中國賣，又能賺不少錢。

他說的這個故事，我是信的。二〇一五年，我去攀登非洲第一高峰吉力馬扎羅（Kilimanjaro），因為七天沒有電力供應，於是我帶了很多小米行動電源。當地人體驗了我的行動電源後，一問價格，大吃一驚，紛紛纏著我要買。在回來前的最後一天，我把這些行動電源都送給了他們。

線下的體驗性，還給小米之家帶來意想不到的結果。小米之家經營了一段時間後，小米總裁林斌也體會到線上和線下的巨大差異，儘管線下的效率不如線上，但線下對於用戶的影響和衝擊力要遠大於電商。幾次站店，他都發現，有不少顧客當天購買了產品後，第二天會帶著朋友一起來買。

回頭客甚至可以補足選址的缺陷。林斌介紹，在廣州高德置地的小米之家店面是地鐵商圈，地下二樓是地鐵，店面在二樓，基本沒什麼人流。做了一年多，周圍的店都關了，只有這家小米之家的流水做到一千萬，「靠穩定的人流和回頭客，把店給養起來了」。

此外，很多線上購買時難下決心的高單價商品，在線下反而賣得更好。比如平衡車、電動自行車等。對於平衡車，很多人只是聽說過，或者在路上遠遠地看過一眼，它的使用體驗到底怎麼樣？買回家真的有用嗎？從來沒有用過、平衡感不是那麼強的人，能立即學會嗎？帶著諸多疑問，你可能不會在網上看了圖片就選擇購買，但如果在線下試騎一下，發現真的很容易學會，而且重量很輕，確實能解決短距離的通勤問題，你就很容易會心動購買。

這就是線下零售體驗性的巨大價值。那網路的高效性呢？

小米在店裡設計了一個五連屏、八十吋的自助購物牆。選好商品後，顧客可以直接掃碼下單，店員遞交商品，整個操作不需要人工干預。小米還試圖通過行動支付的方式，「革」掉收銀臺的命，付款效率提高了幾十倍。此外，客人在手機上通過載具就可以申請電子發票。

線上數據還能有效地降低庫存。目前，小米之家主要依賴於小米商城對於產品銷量的預計來訂貨，百分之二十依賴於生態鏈企業配合小米之家的判斷進行提前備貨。當生態鏈企業發現某個產品好賣，即便小米商城還沒有向生態鏈訂貨，生態鏈自己也會做一部分備貨，以防萬一出現缺貨的情況來不及生產。

用網路的數據給線下賦能。新零售，就是用線上的高效性，給線下的體驗性插上效率的翅膀。

除了小米之家，亞馬遜（Amazon）線下書店也是「用網路的效率回到線下」的一個好例子。

二〇一五年十一月，曾經差一點逼死實體書店的亞馬遜在西雅圖市中心以北的購物中心University Village中，開設了第一家線下書店Amazon Books。據其副總裁珍妮弗·卡斯特（Jennifer Cast）介紹，Amazon Books線下書店將成為Amazon.com的實體延伸，亞馬遜將利用超過二十年的在線書籍銷售經驗去建設這家書店，而這家書店本身將集合線下和線上書籍銷售的優勢。

亞馬遜的實體書店與其他實體書店到底有何不同？對傳統書店而言，採購合適的書籍一直是書店經營者的痛點，即使經驗豐富的採購人員也很難對快速變化的消費者品味做出及時的反應。但亞馬遜掌控的龐大數據則讓Amazon Books更具慧眼。Amazon Books的經營者將基於亞馬遜官網上的消費者評價、預購量、銷售量、受歡迎程度做出評價，最終選擇那些更有可能引起消費者興趣的書籍。

在書籍的陳列上，Amazon Books也一反常態，打破按照政治、經濟、社會、文學等大類進行分類擺放的做法。當你逛Amazon Books實體店時，看到的是「讀者最喜歡的食譜」、「評分在四·五分以上的圖書」、「百分之九十六的讀者給了五分滿分的圖書」、「如果你喜歡這本書，後面的這一排書你也可能會喜歡」等類項。

Amazon Books中書籍下方的資訊展示除了價格等基本資訊之外，還加入了更多有意思的內容，譬如讀者給該書的總體評價，並精選一些讀者的反饋。這些資訊不僅對購書者十分關鍵，還豐富了消費者體驗，强化了線下和線上的關係，形成相互聯結的態勢。

「讀者最喜歡的食譜」、「評分在四．五分以上的圖書」、「百分之九十六的讀者給了五分滿分的圖書」，這些數據在傳統線下實體書店，是很難獲得的。亞馬遜利用線上資訊流的高效性，獲得有價值的數據，然後用數據給線下的Amazon Books賦能，用親手翻一翻書這個體驗，臨門一腳，促成下單購買。

你的商品，如何結合線上資訊流的高效性和線下資訊流的體驗性，改善交易結構，邁入新零售呢？

03 現金流：便攜性vs.可信性

從資訊流的角度看，網路和線下的零售，都有各自獨特的優勢。那麼，在現金流方面，網路和線下又有哪些不同？

網路：前所未有的便捷

網路的現金流，有什麼優勢呢？網路現金流的優勢，簡直是顯而易見的，那就是「便捷性」。

過去，你在地鐵站裡想買一瓶可樂，需要找一臺自動販賣機。一臺自動販賣機的結構非常複雜，首先需要有精密的設備，識別真幣、剔除假幣；然後還要有硬幣盒，用於找零，叮叮噹噹，不能數錯。但即便再精密的設備，有時還是會識別錯紙幣，或者找錯零錢，整個購買過程非常麻煩。

二〇一一年十月，支付寶推出一種針對手機掃QR code的支付方案，成為中國國內首個針對QR code應用的支付方案。就在當年五月，中國人民銀行發放第一批二十七張第三方支付牌照，支付寶是其中之一。

二〇一二年，叫車軟體快速興起。叫車的小額高頻支付場景，與QR code支付非常契合，成為支付寶掃碼支付快速普及的領域。然後，微信也推出了QR code支付，憑藉叫車軟件進入市場。二〇一四年春節，微信紅包的火爆程度遠超春晚。

行動支付在阿里巴巴和騰訊的帶領下，迅速占領各大支付場景，讓付款這件事變得極其簡單。它的便捷性已經完全取代線下支付。如今，就算是賣紅薯的小商販都開始用微信和支付寶收款，你路過某個天橋，很有可能會看見那些乞討者已經與時俱進地擺出收款QR code。

再看看現在的自動販賣機，幾乎全都變成掃QR code的支付形式。選好你喜歡的商品，拿出手機掃一下支付QR code，點擊確認支付，就可以拿到商品了。非常簡單，而且再也不需要識別假幣，或者找回硬幣。

網路支付，尤其是行動支付，給我們帶來了前所未有的便捷。

線下：見面，還是更值得信任

但是，網路的現金流，相對於線下，有沒有一些弱點呢？當然有，那就是缺之「可信性」。

談到現金流，不得不談物流。現金流和物流，一直是一對親兄弟。在信用機制愈不發達的地方，它們愈親近。

比如，我們以前常說「一手交錢，一手交貨」。這是什麼意思？一手交錢，就是現金流；一手交貨，就是物流。它們的流向通常正好相反，資金從我到你，那麼貨就要從你到我。但是，是先給錢，還是先給貨呢？誰也不敢輕易相信誰，那就同時吧。這就是一手交錢，一手交貨。

雙向同時，是傳統零售現金流和物流的常態。你在商場買東西，在餐廳吃飯，甚至在自動販賣機上買一瓶可樂，基本上都是一手交錢，一手交貨。

然後，網路出現了。網上購物，給我們帶來資訊流的高效性，展示資訊的方式更快、更全、更便宜了。但是，現金流和物流這對親兄弟，卻被強行分開了。買家和賣家相隔甚遠，無法做到一手交錢，一手交貨，因此必須做個約定，到底是我先付錢，還是你先發貨。這兩件事情，沒有辦法同時進行。

這就帶來信任的問題。線下零售一定要意識到，見面帶來的可信性，到今天為止都是線下零售的巨大優勢。很多老人不敢在網上買東西，就是因為對網上支付的資金安全不信任。

素未謀面帶來的可信性的缺失，嚴重限制、阻礙了網路電商的發展。解決可信性，一直是電商的頭等大事。

早在二十世紀九〇年代的美國，電商已經誕生。但是，由於缺乏可信性，很多買方並不願意把自己的信用卡帳號等資訊告訴素未謀面的賣方。不知道你是否使用過信用卡在網上付款，它需要你輸入信用卡號、姓名、有效日期，甚至信用卡背面三位安全碼。對方說，他不會留存這些資訊。但是，你敢給嗎？

於是在美國，電商的發展引發了一場現金流的變革，這場變革，又助推了電商的發展。引領這場變革的人叫伊隆．馬斯克（Elon Musk）。是的，就是特斯拉（Tesla）和SpaceX（太空探索技術公司）的創始人，被稱為「鋼鐵人」的伊隆．馬斯克。一九九八年，他與合夥人一起創辦了一家在今天赫赫有名的公司PayPal（貝寶）。PayPal「封裝」了信用卡資訊，讓買家不再擔心資訊被濫用，並針對電商交易做了優化，在一定程度上提高了網上購物的安全性。很快PayPal風靡全球，並於二〇〇二年十月被電商巨頭eBay（電子灣）用十五億美元收購。

PayPal是人們解決網路購物的可信性問題的一個重要工具。在中國，給網路「增信」的工作晚了五年，卻成就了一家市值五千億美元的公司——阿里巴巴。

阿里巴巴的淘寶在成立早期，也遇到了美國電商一樣的問題：在線購物的買賣雙方對彼此不信任。我把錢給你了，你不給我寄貨怎麼辦？我發貨了，你不付錢怎麼辦？

二〇〇三年十月十八日，淘寶首次推出支付寶服務。很多人認為，發布基於

「擔保交易」邏輯的支付寶，是整個阿里巴巴獲得成功最為重要的一項戰略決策。

什麼叫「擔保交易」？擔保交易，是在國際貿易中解決可信性問題的一種手段。買家買東西時，先付錢，但錢並沒有立刻到賣家的帳戶上，而是進了中間帳戶支付寶。支付寶收到貨款後，就通知賣家，錢已經付了，你可以發貨了。賣家看到錢已經匯出，就放心地發貨了。買家收到貨後，看到貨沒有質量問題，點擊「確認收貨」。然後，支付寶再把錢匯到賣家的帳戶。

基於擔保交易的支付寶推出後，買家終於可以放心地在網上買東西了，因為他手裡有權利：收到東西不滿意，可以不點「確認收貨」，可以不付款，可以退貨。這就對賣家提出了很高的誠信要求：不能隨便寄破損的商品給買家。如果買家不付款或者退貨，那就白忙了。支付寶的推出，極大地促進了網路賣家誠信體系的建立。美國的PayPal和中國的支付寶，這兩個「寶」都讓電商的「可信性」大增。即便是這樣，到今天為止，用於交易（而不是轉帳）的網路支付，大多數依然是小額支付。而大額支付，很多人還是會選擇線下。

為什麼？還是顧慮。萬一對方真的是騙子，就是不發貨呢？金額不大的話，就算被騙，認個倒楣，還能接受。若真是大額，那就不敢了。這就是「零錢心理」。

什麼叫「零錢心理」？在經濟學中，有一個非常重要的概念，叫作「心理帳戶」，是芝加哥大學行為經濟學教授理查．塞勒（Richard H. Thaler）提出的概念。這一理論使塞勒獲得二〇一七年諾貝爾經濟學獎。

塞勒認為，除了錢包這種實際帳戶外，在人的頭腦裡還存在著另一種心理帳戶。人們會把在現實中客觀等價的支出或收益，在心理上劃分到不同的帳戶中。比如，我們會把薪資劃歸到靠辛苦勞動日積月累下來的「勤勞致富」帳戶中；把年終獎視為一種額外的恩賜，放到「獎勵」帳戶中；而把買彩券中獎的錢，放到「天上掉下的餡餅」帳戶中。

同樣類似的心理帳戶，還有一種「零錢帳戶」。比如你錢包裡有一張一百元的整鈔，你捨不得把它破開花掉，但只要你買了一元錢的東西，剩下的九十九元零錢很快就會花光。所以，零錢帳戶裡面的錢，花起來心理上沒有壓力。但是整錢的心理帳戶，每次花費都需要經過慎重思考。

當我們明白心理帳戶的概念，以及零錢心理後，就很容易理解為什麼大家線上和線下的購物習慣有一定差別。線上購物因為無法獲得複雜「資訊流」（體驗性），而「現金流」和「物流」無法雙向同時發生，始終缺乏「可信性」；所以相對來說，大家更願意用「零錢帳戶」裡的錢在網上「試錯」。但在線下購物，信任感明顯就會提升很多。

PayPal和支付寶的模式都是充當第三方，買家把錢轉給第三方，第三方收到後，會通知賣家發貨，買家確認收貨後，第三方再把錢轉給賣家。雖然它們的誕生，就是為了減少買家與賣家之間的不信任感，但人們還是會覺得線上交易沒有線下「一手交錢，一手交貨」更具可信性。

很多老年人不喜歡網上購物，並不僅僅是因為他們學不會這種新的購物方式，而是他們覺得店就在那裡，萬一有事，那個店跑不掉。涉及價格昂貴的物品更是如此，比如一隻名錶，在實體店要賣十幾萬元，網上只賣兩萬元，但你可能不太敢買。

那到底多大額度算是零錢呢？大概是兩百元以下。通過淘寶交易的歷史數據，我們可以發現，淘寶交易最集中的額度在一百到兩百元，這一額度並非受商品質量影響，而是人們普遍能接受的零錢心理帳戶在這一區間內。

微信紅包的最高額度也是兩百元。為什麼不是兩千元？也許對有些人來說，兩千元以下都叫零錢，但對絕大多數人來說，兩百元以下才算是零錢，再大就會有所顧慮。

再舉一個例子，二〇一七年十一月十日，網路信用貸款平台「拍拍貸」在美國紐約證券交易所（New York Stock Exchange，NYSE）上市。在拍拍貸上，每個借款人的首次授信額度僅為三千元，用戶需要依據自己的行為逐漸積累信用，才能貸到更多的錢。

根據招股書，二〇一六年和二〇一七年前六個月，拍拍貸平台平均貸款金額分別為二七九五元和二三四七元，平均貸款期限分別為九．七個月和八．二個月。可以看出，拍拍貸的單客貸款金額很小。為什麼在線上，各種信貸平台都以小額貸款為主，而在線下，銀行卻敢借給用戶幾十萬、上百萬？這是因為線上信用體系還沒有完全搭建。

由此可見，由於相對於線下缺乏可信性，線上現金流更容易發生在小額交易上；而大額交易，可能會帶來可信性的心理障礙。所以，面對網路，線下零售要明白自己可信性強這個獨特性，在大金額交易上尋找戰略優勢。（見圖2—2）

新零售：用數據建立新的信用

那麼，問題來了，我們能不能把線上的便捷性和線下的可信性結合起來？

當然可以。這就需要用數據為現金流賦能，為便捷性增加可信性。這就是本章的主題：數據賦能。

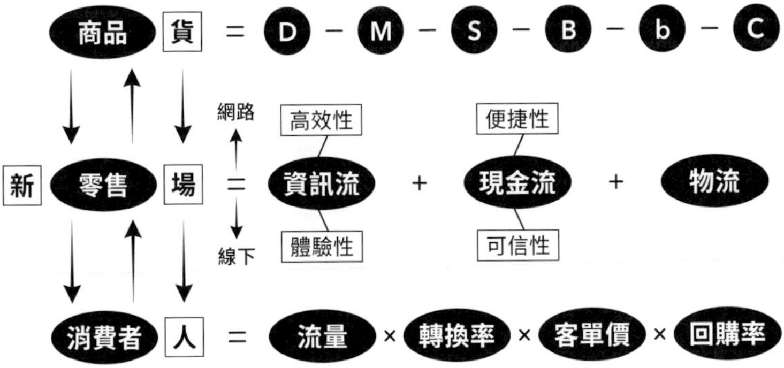

圖2-2

無法一手交錢，一手交貨，導致交易雙方互不信任，是可信性問題的根源。那能不能利用新科技，比如大數據，讓一方（比如賣方）可以更加信任另一方（比如買方）呢？如果這個信任可以發生在交易之前，那麼賣家就可以安心發貨，而不用擔心買家的信用風險。

二〇一四年伊始，京東推出了「先消費，後給錢」的現金流模式：「京東白條」。京東白條，就是用戶可以選擇最長三十天的免息延期付款，或者三至十二個月分期付款。京東白條首次公測五十個名額，最高一．五萬元的授信額度，很快受到消費者青睞。

為什麼京東敢先把東西給你用，最多三十天後再向你要錢？因為相信你不會不給錢。京東憑什麼相信你？因為根據大數據顯示，你值得信賴。

首先，如果你想拿到最高一．五萬元的「先消費，再給錢」的打白條資格，起碼你去年的消費總額要大於這個數字。另外，你以往的消費頻率、總額、類別、單次最高金額等數據，都會成為你能否獲得白條資格以及多大額度的標準。然後，京東用它的算法，基於數據，告訴你：我對你的信任值兩千元，或者八千元，或者一．二萬元。

在京東開放白條的一個月後，支付寶跟進了類白條業務，推出「花唄」、「天貓分期」，蘇寧易購也推出「零錢貸」等。其實，這些產品的本質相當於「網絡虛擬信用卡」，用戶可以在買東西時延期支付，如果超出付款期限，則需要支付一定比例的利息。

白條類產品，還受到大學生群體的歡迎。據說京東白條推出後，很多大學生買張紙都用白條。京東給學生群體的白條額度為三千到五千元，要知道，大學生在校期間的個人信用記錄目前還沒有和個人徵信系統接軌，就連銀行都不願意為其提供信用卡服務。但這些大學生仍然可以以消費大數據作為判斷標準，成為京東白條的用戶。

為什麼京東敢這麼做？還是因為數據。全面的數據，能夠比面試更準確地刻劃一個人。被數據賦能的行動支付，在便捷性的基礎上，增加了可信性，推動新零售的進化。

除了消費信貸類產品，微信、支付寶還利用大數據推出現金信貸產品「微粒貸」和「借唄」，根據消費者的消費數據進行分析，產生信用模型，並計算出相應的借款額度。在微信的微粒貸和支付寶的借唄上借錢，為什麼不需要抵押就讓你把錢借走？就是基於大數據計算出來的可信性。

二〇一七年，很多民間現金貸款被嚴厲整治，就是因為大量沒有抵押，也沒有數據的民間機構，從事風險極高的現金貸款業務，結果收不回來錢，只能暴力催收，嚴重影響社會穩定。

民間現金貸款比微信、支付寶的現金信貸中缺了一個「信」字，是問題的核心。而這個「信」字，來自數據賦能。

數據為現金流賦能，其核心就是基於數據產生的信用，提高線上的可信性。如何利用數據提高可信度，支付寶的「芝麻信用」是一個很好的例子。

芝麻信用從身分特質、履約能力、信用歷史、人脈關係以及行為偏好五個維度採集數據，並建立了權重[5]模型。根據這個模型，芝麻信用給出信用好壞的

5 權重：與他者相對的概念，例如針對某指標而言，在該指標中於整體評價上的相對重要性。

評級：三百五十至五百五十分，較差；五百五十分至六百分，中等；六百分至六百五十分，良好；七百到九百五十分，極好。

以我自己為例，我的芝麻信用是八百二十九分，屬於「極好」的範疇。實際上，芝麻信用超過六百分，就可以做很多事，比如申請花唄、借唄，還可以在阿里旅行「信用住」的合作飯店享受「零押金」入住服務。

以往，人們入住飯店時都需要去前臺辦理入住手續，除了掃描身分證，還有一件重要的事就是刷信用卡，以防顧客住了幾天之後，沒付錢就走了。所以，刷信用卡相當於支付押金，是一個非常重要的環節。

現在，在數據和技術的加持下，如果你的芝麻信用超過六百分，你在網上預訂一個飯店，就會直接顯示房號，房間門上有QR code，拿手機一刷就可以直接入住。芝麻信用的分數足夠高，就足夠說服商家相信你不會欠錢。然後，退房也可以通過手機操作，房費會直接從支付寶帳戶扣走。如果需要發票，還能直接開具電子發票。整個過程都不需要去前臺辦理相關手續。在二〇一七年的共享單車大戰中，關於押金，一直爭議不斷。你擔心我騎車不還？那就交押金啊。但是，我交了押金，你挪用退不回來怎麼辦？

於是，小黃車（共享單車平台）選擇和芝麻信用合作。芝麻信用在六百五十分以上的用戶，不用支付押金，可以直接把車騎走。

再比如，在阿里旅行的「去啊」電子簽證平台，用戶的芝麻信用如果高於七百分，就可以不用提供在職證明、個人資訊表、戶口本、身分證複印件等資料。總之，線上的信用度通過數據極大地提高了。

京東白條，阿里巴巴的花唄、借唄、芝麻信用，騰訊的微粒貸等，用數據賦能網路的現金流，讓零售不再必須從便捷性和可信性之間做單選題。

04 物流：跨度性 vs. 即得性

未來，線上資訊流的高效性、現金流的便捷性，與線下資訊流的體驗性、現金流的可信性，仍然會不斷博弈。最終誰主沉浮，現在還不能下定論。因為零售這個「場」中，還有一個要素在快速演化，那就是物流。

物流在線上和線下，也有明顯的區別嗎？當然有。線上的「跨度性」和線下的「即得性」，正在進行激烈的對抗和合作。衡量跨度性物流，最重要的指標是快；衡量即得性物流，最重要的指標是近。一場「快 vs. 近」的競爭與合作，硝煙絕不亞於好萊塢大片。

網路：全世界的好東西，向你飛奔而來

無論你是去超市買東西，還是去商場，去任何一個線下的零售業態，都是人在移動接近商品。按照物流的方向劃分，我們稱其為「人找貨」：貨離你盡量近後，等著你去找它。

人找貨有一個缺點，受距離的限制較大。一個人的生活半徑有限，能找到的貨，永遠是極少的。人們之所以感嘆萬能的淘寶沒有買不到，只有想不到，就是因為在現實生活的活動半徑中，接觸不到多少貨。

進入電商時代後，人找貨變成了貨找人。你在網上下單後，坐在家裡等貨，貨移動著來找你。

人的活動半徑有限，一般幾公里，最多半個城市；但是貨不一樣，可以跨過半個地球來找你，它的活動半徑就是地球的半徑。這是網路電商在物流方面帶給我們的改變，它實現了跨度性。

二〇一七年中國國慶節期間，我帶領四十位中國企業家、創業者在德國參訪

工業四．〇，其間的一些小故事讓我感觸深刻。

有一位做跨境電商的創業者，分享了他的經歷。在英國留學時，有一次，他筆記型電腦的網卡壞了，於是想買一個網卡上的小天線配件。他在eBay英國分站上找到了這款小天線，但要二十歐元一個。作為窮學生，他覺得實在太貴了。於是，他上淘寶搜了一下，同樣的小天線，居然只賣五元人民幣！這還是零售的價格，如果一次性批發十個，只要五角錢一個。

資訊流的高效性讓他認識到，很多商品的價格在全球範圍內存在巨大的套利空間。在過去，是由國際貿易商來填補這個溝壑，獲取利潤。但是現在，有了網路，這些溝壑就被直接暴露在每個網路用戶面前，有商業嗅覺的人就從中找到了商機。

他從淘寶上批發了一批天線，通過各種國際物流轉運到手，在英國的eBay上銷售，在很短的時間內賺了十幾萬元。從此，他開始做跨境電商生意。以前之所以有價格差存在，是因為資訊不對稱，物流不發達，一旦物流足夠發達，跨度足夠大之後，就可以基本消滅資訊不對稱帶來的中間價差。

今天，拜網路電商的物流跨度性所賜，他獲得了豐厚的收益。

在網路電商高度發達的當下，全世界各個地方的「貨」向「人」飛奔而來，人們可以足不出戶，買到全球任何地方的商品。比如，美國產的簡報筆，可以賣到中國來；中國的淘寶上有非常便宜好用的天線，也可以賣到英國去。物流代替人在流動，從而使跨度性極大地增強。

人找貨，活動的範圍有限，但如果變成貨找人，就會出現一種新情況：全世界的貨物都可以奔向你，價格也會被拉平。這就是線上電商物流的跨度性優勢。

線下：我馬上想要，就要立刻拿到

但是，線下就沒有優勢了嗎？恰恰相反，線下物流，依然是傳統零售在「三流」中最大的優勢，因為它擁有一種電商物流做夢都想要的能力，那就是「即得性」。

什麼叫即得性？吃完晚飯，你到樓下散步。胃很脹，你突然很想喝一杯優酪乳。請問，這個時候，你會去1號店或者天猫超市買這瓶優酪乳嗎？肯定不會，因為1號店的優酪乳要克服跨度性向你飛奔而來，再快也要第二天早上才能送到你家。

這種情況下，你最有可能去你家住宅區附近的便利商店買。因為你馬上想要，就要立刻拿到。即使便利商店的優酪乳沒有大超市、電商平台便宜，你仍然會買。此時，便利商店就提供了一個非常稀有的獨特性：即得性。

即得性，就是即刻獲得的特性，這是今天的網路電商仍然不具備的。

有些商品的即得性很重要，你回家時突然想吃某種水果，想買一束鮮花，你會在家附近的商店買；你在家裡做飯，突然發現沒有鹽了，就會趕緊去樓下便利商店買。此外，有些緊急情況也需要商品的即得性。比如，參加一個重要會議，忘記帶皮鞋或者領帶，這時你會就近找一家商場，火速選購，而非在淘寶上下單；突然感冒，頭痛喉嚨痛，發現家裡的感冒藥沒了，這時你會找附近的藥店買藥，而不是上網買：美國有種感冒藥挺好，看看這個星期是不是能寄到。

不過，有些商品的即得性就弱很多。如果你想買個冰箱，或者買台電視，但並不需要它立刻出現在你家，等幾天也是可以接受的。這時，你更關注商品是否最適合。利用跨度性，在全國，甚至全球範圍內挑一個最好、最適合自己的產品，損失一些即得性也沒關係。

那麼，是不是所有線下零售，都具有即得性優勢呢？並不是。既然「我馬上想要，就要立刻拿到」，那麼，當然離人愈近的地方，愈有即得性優勢。如果要去五公里之外的商圈，比如沃爾瑪、家樂福、萬達、蘇寧，或者更遠的汽車4S[6]店買東西，就不會獲得即得性。你要麼開車，要麼坐公車去，來回至少一小時在路上。沒有即得性優勢的線下零售，面對網路跨度性的衝擊，就很難經營。比如，最近幾年，離居住區較遠的大型超市愈來愈難經營。

據統計，二〇一二年沃爾瑪在華關閉五家店面，二〇一三年關閉十五家，二〇一四年關閉二十五家，二〇一五年關閉一家，二〇一六年關閉十三家。

不僅是沃爾瑪，其他大型零售企業的日子也不好過，有數據顯示，在

6 汽車4S：集整車銷售（Sale）、零配件（Sparepart）、售後服務（Service）和資訊反饋（Survey）四位一體的汽車資訊服務。

二〇一三至二〇一四年兩年內，家樂福關閉店面約二十五家，二〇一六年華潤萬家上百家店鋪關門。永輝超市在零售業低谷期持續佔領地域式地開新店，但在二〇一五年前三季度也關閉了七家店面，損失超過五千萬元。二〇一七年八月，家樂福發布盈利預警，中國業務銷售額在當年上半年同比下降百分之六，而且萎縮的趨勢至今沒有扭轉。

那什麼樣的線下零售，才更能發揮即得性優勢呢？離你更近的，離你家住宅區不到一公里的「社區」。社區裡最主要的業態是什麼？便利商店。

與大型超商深陷泥潭相對應的，是便利商店依然不錯的生意。這是因為便利商店提供了即得性。所以，愈來愈多零售巨頭開始進軍便利商店。從二〇一四年開始，一直在中國耕耘大型超市的家樂福，也把其便利商店「easy 家樂福」引入中國，重點布局。

一系列標誌性事件發生在二〇一七年：「去哪兒」創始人莊辰超創立便利商店品牌「便利蜂」，半年多時間就布局上百家店面；武漢便利商店品牌「Today」（今天便利商店）獲得信中利資本集團領投的 B 輪融資；深耕北京市場十五年的便利商店龍頭品牌「好鄰居」被全資收購;零售集團「永輝超市」入股中國首家便利商店上市公司紅旗連鎖。《二〇一七年線下零售生態報告》的一組數據顯示,二〇一六年便利商店店面數量較前一年增長百分之九。線上的跨度性,帶來了「全」;線下的即得性,帶來了「快」。(見圖2—3)傳統零售不能繼續自大,但也完全不用自卑。線下即得性的優勢,值得傳統零售長舒一口氣,放下心中的石頭。但是,不要忘了即得性在線下,是通過「近」來實現的。

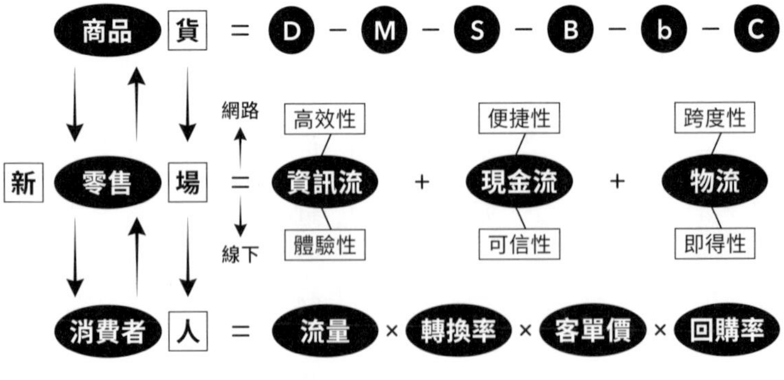

圖2-3

新零售：大數據讓「快」和「近」殊途同歸

網路電商「貨找人」的物流體系，與線下零售「人找貨」的開店邏輯，一直在博奕，它們在速度和距離之間，進行著一場至今未分出勝負的較量。這場較量摩擦出的每一個火花，都是新零售的星星之火。

想像一下，如果你在做飯的時候，突然想用鎮江的醋，或者日本的醬油，而且是立刻就要用該怎麼辦？

這時你一定會想，要是線上的跨度性和線下的即得性可以兼得就好了。怎麼做呢？從商業的角度來說，有兩個辦法：

一、讓線下商品離你更近，愈近愈有即得性。如果能更智慧地安排庫存，把我想買的商品，放在離我最近的地方就好了。

二、讓網路的物流更快。網路的跨度性，讓你可以買到幾乎任何產品，但終究有時差。如果能增加物流速度，用「快」來對沖距離就好了。

讓線下商品離你更近，或者讓網路的物流更快，都是新零售的機會。具體怎麼做呢？

首先，如何讓線下商品離你更近？用大數據賦能現代物流，通過預測用戶的購買行為，在你下單之前就提前備好庫存，把商品放在離你更近的地方。

每年的雙十一都是一場物流的閱兵式。「菜鳥網絡」執行長童文紅這樣描述雙十一物流配送大戰：

雙十一物流背後，其實是一場數據的戰爭，是數據的指揮樞紐。

童文紅沒有誇大其詞。依靠強大的數據系統，在雙十一前三個月，菜鳥網絡就準確地預測每家快遞公司在全國每一條線路上的包裹量，幫助快遞公司做到「兵馬未動，糧草先行」。

你在雙十一買過東西嗎？你有沒有在雙十一之前，提前把要買的東西放入購物車，然後等雙十一的零點零分一起下單？你想過為什麼阿里巴巴強烈建議你把商品先放入購物車嗎？

根據全國人民淘寶購物車裡的數據，阿里巴巴就可以預測，大概中國人會買哪些東西，送到哪裡去。這些數據雖然不是最終數據，但也八九不離十。利用這些數據賦能物流和倉儲，雙十一前的三個月，整個中國的物流業就已經開始動起來了。商品被放到了離你最近的地方，等著你下單，速度當然快。

菜鳥雙十一物流報告顯示，從簽收時間看，二〇一三年雙十一簽收一億包裹用了九天，二〇一四年用了六天，二〇一五年提速到了四天，二〇一六年則進一步提速，用了三．五天，二〇一七年僅用二．八天。

京東在「讓線下商品離你更近」這件事上，也不遺餘力。

劉強東在接受央視記者陳偉鴻採訪時表示，二〇一六年「618購物節」，一個消費者買了支手機，從下單到送貨員敲響消費者的家門，只用了七分鐘。七分鐘，不可能吧？出貨都來不及。其實這就是數據的魔力。京東通過大數據，分析各分區主流單品的銷量需求，預測到這棟樓裡可能會有人買這支手機。在這個消費者下單前，商品就已經提前運輸配送到該區域站點，放在離他更近的地方。

當消費者下單後，快遞員馬上配送，所以只花了七分鐘。

千萬不要以為預測式購物只是一個噱頭。亞馬遜早在二〇一三年十二月就獲得了「預測式出貨」（anticipatory shipping）的專利。在專利文件中，亞馬遜表示，目前影響人們進行網上購物的一大障礙，就是商品配送的時間太長。

通過這項專利，亞馬遜會對消費者之前的訂單、商品搜尋記錄、願望清單、購物車，甚至包括用戶的滑鼠在某件商品上懸停的時間進行分析，進而在消費者下單前，將他們可能購買的商品配送到距離最近的快遞倉庫，「讓線下商品離你更近」，一旦消費者按下購買的確認按鈕，商品就能以最快的速度被送到家門口。亞馬遜的願景是，某一天一本新書剛出版，有購買意願的讀者在當天就能下單，並且在購買當日收到貨。

這聽上去很瘋狂。不過，預測式購物的鼻祖，可能要追溯到台灣的「經營之神」——台塑集團創始人王永慶。

二十世紀三〇年代，王永慶的事業是從開米店做起的。為了和隔壁日本米店競爭，王永慶頗費了一番心思。

王永慶主打送貨上門服務，但他並非只是簡單地把米袋子放到顧客家門口，他會幫顧客將米倒進米缸裡，如果米缸裡還有米，他就將舊米倒出來，把米缸刷乾淨吹乾，然後將新米倒進去，將舊米放在上層。這樣，舊米就不至於因陳放過久而變質。

然後，王永慶會掏出一個小本子，默默記錄下顧客家有多少舊米，這次運來多少新米，再數數顧客家裡有幾口人。這樣，他就能大概推測出顧客家的米什麼時候吃完，下次送貨時就直接扛著大米去，不用提前問。顧客一開門看見有人送米，發現自己家的米確實要吃完了，當然不會讓他把米背回去。

王永慶之所以能做到精準預測，是因為他掌握了顧客的消費「數據」，只不過他是通過自己記錄的小本子實現「數據賦能」的。而現在的電商平台則先進得多，除了蒐集消費者在其網站上的搜索和購買行為之外，還蒐集許多其他資訊數據，包括社交媒體的內容、線下的購物行為數據等。它不僅知道我們買什麼，還知道我們什麼時候去商店，經常購物的地點、付款方式等。但從本質上來說，今天亞馬遜、阿里巴巴、京東所做的，就是把王永慶的小本子用高科技升級了。

然後，如何讓網路的物流更快？亞馬遜、京東等公司為此推出一項新服務：無人機送貨。

無人機送貨這一想法最初來自亞馬遜執行長傑夫・貝佐斯（Jeff Bezos）。二〇一三年十二月一日，在美國哥倫比亞廣播公司（Columbia Broadcasting System，CBS）訪談節目《六十分鐘》（*60 Minutes*）中，貝佐斯透露了一個看似瘋狂的計畫，亞馬遜未來將不再通過優比速公司（UPS，聯合包裹速遞服務公司）和聯邦快遞（FedEx）送貨，而是使用八旋翼無人機向客戶運送快遞。對此持懷疑態度的人將其視為宣傳噱頭。

事實上，亞馬遜PrimeAir無人機項目並非噱頭，貝佐斯也非常認真地對待這一項目。二〇一五年，亞馬遜在英國劍橋附近進行無人機飛行測試。二〇一六年十二月六日，亞馬遜無人機進行首次送貨，一位客戶下了訂單（一包鹹甜口味的爆米花和Fire TV電視盒），十三分鐘後，包裹送到了客戶的花園裡。

在電子商務比美國還要發達的中國，公司當然不會放棄這一提升配送速度的絕佳機會。

二〇一六年六月，京東在江蘇宿遷送出無人機配送試營運的第一單。京東無人機從宿遷市曹集鄉天同庵村居委會起飛，降落地為曹集鄉孫莊村的京東推廣員站點，直線距離五公里，單程約十分鐘。此次試運營共展示了三款無人機，載重從十公斤到十五公斤不等。

二〇一七年二月，京東與陝西省政府簽署戰略合作協議，雙方將聯手打造全球首個三百公里半徑低空無人機通航物流網，通過無人機來送遞網購包裹。按照規畫，雙方將在陝西省建設一百個無人機機場，京東則利用載重量數噸、飛行半徑三百公里以上的中大型無人機，合力打造低空無人機通用航空物流網絡，實現陝西省全域覆蓋。

國內同樣對無人機感興趣的還有物流巨頭順豐。二〇一三年，順豐就已經開始測試無人機送遞包裹。在國外，快遞巨頭優比速公司也在嘗試找到物流無人機的應用場景。二〇一六年九月，優比速利用無人機將氣喘吸入器送往一個小島，飛行距離約五公里，時長僅八分鐘，而同期進行的乘船上島測試耗時大約三十分鐘。

就連物流行業的中國國營企業——中國郵政也開始使用無人機快遞，試圖降低從鎮到村的人力成本。二〇一六年四月，中國郵政與迅蟻無人機物流公司達成合作。五個月後，浙江安吉坑垓鎮成為首個試點區域。

為了提升物流的「快」，電商的探索並不會止步。二〇一七年的「618購物節」，京東在中國人民大學等校園推出無人送貨車；京東和阿里巴巴的部分倉庫，已經實現機器人分揀、搬運貨物；阿里巴巴更是提出了「國內二十四小時，全球七十二小時」物流必達的戰略。

庫存更近，物流更快。通過數據賦能，這兩者正在殊途同歸，合而為一，成為新零售最堅實的基石。

05 天貓小店：大數據助力線下零售

數據賦能零售，還有哪些方式？

二〇一七年八月二十八日，阿里巴巴旗下「零售通」宣布，第一家專注服務社區的天貓小店——維軍超市在杭州正式運營。在中國，有一種非常傳統的商業模式叫「小賣部」，一般是開在住宅區附近的雜貨店，銷售的產品以菸酒糖茶油鹽醬醋為主，為街坊鄰居提供便利的同時，賺點小錢。最近幾年，小賣部陸續受到大型超商、電商、連鎖便利商店的「排擠」，人們購物習慣的不斷改變，讓小賣部的日子愈發不好過。除了賺點零售差價外，有些小賣部不得不靠收取掛牌費賺錢，在牌匾上印品牌商標。

小賣部的第一波競爭對手是沃爾瑪、家樂福等倉儲型超市，這些外資超市進入中國後，拉低了很多消費品的價格，很多人習慣趁節假日集中去超市囤一大批口用品，從而搶走小賣部很大一批客源。

而電子商務的興起，在一定程度上搶了大型超商的買賣。新一代相對年輕的主流消費人群，消費行為愈來愈趨於隨機和碎片化，年輕人很少有計畫性地進行提前囤貨，即使出於低價考慮，一次性大量囤貨也會選擇送貨上門的網購管道。

所以，相對來說，小賣部的供應鏈效率低，層層批發後，價格比超市、網上貴很多，在品質控制方面也沒有大型超市做得好，商品質量參差不齊，品類也不全。消費者不到迫不得已要購買一些急用的必需品，很少會光臨小賣部。

「近」幾乎是小賣部唯一的優勢，然而，這個優勢也逐漸被「集團軍作戰」的7—11、好鄰居、全家等連鎖便利商店取代了。

首先，連鎖便利商店有品牌優勢。當一個連鎖便利商店在全國擴張到一千家、兩千家，甚至上萬家時，它就能實現統一的店面設計、管理，集中採購，把控品質，提供良好的購物環境及體驗。

其次，連鎖便利商店打通了供應鏈，能做到一定程度上的選品優化。假如某連鎖便利商店整個供應鏈體系有七千個SKU（stock keeping unit，即庫存量單位，可以簡單地理解為商品的品種數），它可以根據店面所處位置，挑選七百個最適合在這個地方銷售的品種上架。如果經過一段時間驗證，發現銷量不好，它可以在七千個SKU中，再選出其他產品進一步優化。此外，日資便利商店提供的那些自主研發的鮮食產品（飯糰、關東煮、蓋飯等）的毛利率能達到四到五成，也吸引了一大批年輕顧客。

所以，遊兵散勇的小賣部，怎麼和連鎖便利商店的集團軍作戰？小賣部連距離上的優勢也幾乎喪失了。據報導，連鎖便利商店的滲透率，已從二〇一五年的百分之三十二上升至二〇一六年的百分之三十八。

阿里巴巴的天貓小店，能夠幫到這些小賣部嗎？

千店千面，精準匹配社區消費群體

天貓小店試圖改造在消費者住所附近一百至五百公尺範圍內的傳統雜貨店。

第一家被阿里巴巴改造的「維軍超市」，就是一個已經經營八年的傳統雜貨店。

阿里巴巴是怎麼做的呢？針對這些小賣部，阿里巴巴與許多優質供應商合作，推出一站式進貨平台零售通，這些小店可以在零售通上訂貨，然後由天貓統一配送。所以，第一步，阿里巴巴先幫這些小店打造出一個供應鏈體系。這個供應鏈體系的規模，可能未必比7—11小。

然後，阿里巴巴依靠其強大的數據能力，對店鋪周邊的人群畫像。

在這家天貓小店附近的居民，過去有沒有在淘寶、天貓上買過東西？多半買過。那麼，阿里巴巴就可以根據這些消費數據來計算最適合在這家店銷售的商品。這就是大數據選品。

其實，像7—11這樣的連鎖品牌也能夠做到商品的本地優化，比如，在北方主賣麵食，南方主賣大米。但天貓小店的大數據選品更加精準，它會根據每個店鋪的店面大小、老闆年齡、資金狀況，以及方圓一公里內消費群體構成，結合「淘係數據」，計算出什麼樣的商品最適合這家超市和社區。

舉個例子。阿里巴巴發現，某個天貓小店附近不少居民以前在網上買過狗飼料，那這家店附近的居民多半養寵物，於是，該天貓小店就會推薦店主賣寵物飼料、寵物用品，甚至具體到社區居民喜歡的品牌和規格。同理，如果住宅區居民中嬰兒或小孩兒較多，就推薦店主賣奶粉、尿片以及兒童玩具等。

這一點是其他任何連鎖便利商店品牌都無法做到的事。

要知道，7—11是在有限的供應鏈體系裡選品，而天貓小店則是在阿里巴巴的整個電商平台選品，SKU自然要多很多倍。7—11不了解這個住宅區的消費者過去幾年都買了哪些東西、每天都購買什麼商品，阿里巴巴的大數據卻清楚明白，能夠做到更精準的匹配。

基於多年積累的零售數據，阿里巴巴發現，每個消費人群在不同類目中會有清晰的品牌和品質指向。在仔細分析消費人群和消費商品後，不同於傳統便利商店加盟打造統一品牌，天貓小店可以做到真正意義上的「千店千面」。

便利商店，大容量「流量蒐集器」

天猫小店還會讓便利商店真正回歸到它的本質——你家的二級庫存。

一級庫存，就是你家。為了補足一級庫存，你可以提前從幾公里外的大型超市購買，也可以以較低的價格在網上購買，在家裡備一些存貨。

但是家裡的面積畢竟有限，你不想在家裡放太多東西。於是，在存貨突然用完，需要急用、快速補充的時候，就去附近的便利商店買。便利商店就是你家的二級庫存。

為什麼阿里巴巴要進軍社區，從線上空降線下重新打一次零售戰？

我們在上一節裡講到線下的即得性優勢，社區小賣部的優勢，就是它離消費者足夠近，有機會對沖掉電商物流的劣勢。因此，在網路愈來愈發達的今天，一個特別重要的商業地盤就是社區，因為近意味著即得性，意味著巨大的流量來源。

無論你的小店開在什麼地方，都會有一定的自然人流，小店就是一個流量蒐集器。據統計，全國共有六百六十萬家社區超市小店（傳統的雜貨店）。阿里巴巴集團副總裁、零售通事業部總經理林小海曾道出天貓小店的體量和前景：

> 一家小店一個月有一千個顧客，六百萬家小店，這個流量相當於六億。而且這六億流量接觸的是老人、孩子，是電商接觸不到的人群。

阿里巴巴當然不願意放棄這麼大容量的「流量蒐集器」。通過線上數據賦能，被阿里巴巴武裝過的流量蒐集器——天貓小店，比7—11等連鎖便利商店更高效，它讓小店每一平方公尺的銷售額提高，貨賣得快，周轉率自然也高。據報導，位於成都的一家天貓小店，改造完成後，其銷售額環比[7]提高了百分之四十五。目前，天貓小店預計在阿里巴巴二〇一八會計年度之內（截至二〇一八年三月底）將突破一萬家。網路的數據為線下賦能，提高效率；而線下小店，為網路帶來新的流量，增加用戶。所以，網路從來不代表新零售，線下更不代表，只有用數據賦能、線上線下結合的零售，才是新零售。

7 環比：本次統計與相連的上個季度統計的比較，和「同比」相對，同比則是本次統計與同期今年與去年比較。

第三章

坪效革命：

從「人」的角度理解新零售

零售，就是連接「人」與「貨」的「場」。講完「場」中新技術推動的資訊流、現金流、物流的萬千新組合所帶來的新零售機遇，我們再從「人」的角度，來找提高零售效率的機會。

人（即消費者）對零售意味著什麼？一切商業活動的起點，是消費者獲益，零售當然也不例外。人，對於零售來說，是起點。人（消費者）通過場（商場、超市、便利商店、電商等），與貨（商品）產生聯繫。每個活生生的消費者，來到商業中心，都是帶著不同的背景、訴求、情緒和消費能力來的。儘管如此，我們還是可以用一套基本邏輯，來理解這看似不同的一切。

這套邏輯，就是「銷售漏斗公式」。

01 銷售漏斗公式

前面講過，一切零售形態都可以用銷售漏斗公式來表示。

銷售額＝流量×轉換率×客單價×回購率

這個公式用的是電商的語言體系，和傳統零售不完全一樣。先來解釋這幾個概念。

流量，就是有多少人進店，線下稱之為人流、客流。人流量大的店面，叫做黃金店面。

轉換率，就是進店的人，最終有多少買了東西。線下稱之為成交率。

客單價，就是一個客人一次花了多少錢，買了多少東西。買得愈多，價值愈高。

回購率，就是這個客人走了，下次還來的可能性有多大。線下稱之為回頭客。

這幾個概念，對網路電商和線下零售都很重要。可是把它們相乘，是什麼意思呢？

你可以把零售行為想像成一個漏斗，上面入口大，下面出口小。「人」（消費者）從漏斗的上方進入，與「場」（專賣店、淘寶店等零售業態）進行接觸。消費者一旦接觸了場，就被稱為「流量」，即一個人流進了銷售漏斗。

進店的人中，最終會買東西的，一定有一個比率。這時漏斗就收緊了，從潛在顧客到真實顧客，這一收緊的環節即「轉換率」。

真實顧客中，也有買多買少的差別。漏斗再次收緊，這是「客單價」。買完後，一定有人再也不來了，回頭客進一步減少，這是「回購率」。

通過「銷售漏斗公式」示意圖（見左頁圖3—1），可以有較為直觀的感受。

顯而易見，銷售額＝流量×轉換率×客單價×回購率，這個公式右邊乘出來的數字，當然愈大愈好。

不過，銷售漏斗公式可以用來衡量銷售額，卻無法衡量「銷售的效率」。

比如，一千個人銷售額一千萬元，和一百個人銷售額一千萬元，效率顯然不同，相差十倍；一千平方公尺店面銷售額一千萬元，和一百平方公尺店面銷售額一千萬元，效率也顯然不同，相差十倍。

如何衡量銷售的效率呢？根據成本結構的不同，我們通常會用「人效」或者

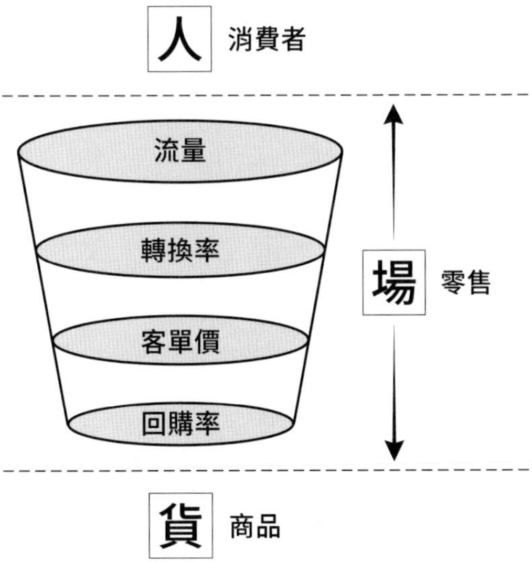

圖 3-1

「坪效」來衡量。

網路公司因成本結構和員工人數基本正相關，所以非常重視人效，即每個員工創造的年收入。網路公司的銷售漏斗公式就變為：

人效＝（流量×轉換率×客單價×回購率）／人數

線下零售的成本結構和店鋪面積基本正相關。在線下，每家店的面積都不相同，有的兩百平方公尺，有的五百平方公尺。這很重要，因為店鋪面積在很大程度上決定了營運成本。均攤到每平方公尺店鋪面積上的銷售額，才真正體現一家店的銷售能力。每平方公尺的年銷售額，有個專業名稱：坪效，即每平方公尺面積創造的年收入。

坪效＝（流量×轉換率×客單價×回購率）／店鋪面積

在全球零售實體店中，蘋果零售店的坪效最高。二〇一七年七月，來自調研公司eMarketer和CoStar的報告稱，蘋果零售店平均每平方英尺可以為蘋果帶來五五四六美元的銷售額。

由於行業屬性不一，坪效自然會相差很多。數據顯示，在食品行業，主營優酪乳冰淇淋的Reis & Irvy's每平方英尺年銷售額為三九七〇美元；加油站便利商店Murphy USA為三七二一美元；珠寶品牌蒂芙尼（Tiffany）為二九五一美元；服飾零售商中排名靠前的是瑜伽戶外品牌Lululemon Athletica，坪效為一五六〇美元。

一平方公尺約等於十．七六三九平方英尺，彼時，一美元大概相當於六．七三六二元人民幣。這樣計算，蘋果店面的坪效差不多是四〇．二一萬元／平方公尺，Reis & Irvy's是二八．七八萬元／平方公尺，Murphy USA是二六．九八萬元／平方公尺，蒂芙尼是二一．三九萬元／平方公尺。這些是全球表現最好的零售實體店，大部分線下零售店的坪效遠遠小於它們。不過，從這些數據足以看出，坪效對線下零售的重要性。

從銷售效率角度來看，在線下，經常會出現無論怎麼努力，每平方公尺創造的年收入都提高不了，甚至無法抵消該平方公尺的租金的情況。這就是所謂的「坪效極限，不夠租金底線」，說明當下的業態不該出現在這裡。線下不同的地段，養不同的業態，層次分明。

比如，把住宅區門口的菜市場開到上海的恆隆廣場試試？必死無疑。一個月賺的錢，不夠一天的租金；把恆隆廣場的蒂芙尼專賣店，開到住宅區門口呢？也必死無疑。一個月的客人，不如恆隆廣場一天的多。在過去，菜市場就要開在住宅區門口，蒂芙尼就要開在恆隆廣場。

可以說，坪效極限制約了傳統線下零售的想像力。在新科技（比如網路、大數據、人工智慧等）突飛猛進的今天，有沒有辦法利用創新技術提高坪效，甚至發動一場「坪效革命」，以突破傳統的坪效極限呢？用傳統的方法，盡量接近坪效極限，這需要顧客導向和產品導向；但要突破，甚至大大突破坪效極限，唯有依靠交易結構思維，用時代賦予的高效率工具才能做到。

怎麼做？既然銷售漏斗公式是四個要素相乘，那就從這四個要素上分別想辦法。

流量：一切與消費者的觸點

任何一種零售都必須有與消費者的觸點。沒有觸點，就構不成「場」，無法把人與貨連接起來。這個觸點，可能是用戶走進專賣店的門；可能是磨刀攤販在街上吆喝，被用戶叫住；可能是用戶訪問了天猫店，打開了商品詳情頁；可能是微信公眾號文章被看到，裡面推薦的商品被知曉；可能是建立一個呼叫中心，打電話向用戶推薦產品；可能是專門拜訪客戶，在其辦公室下，打電話說「我正好路過，上來看看你」等。

所有這些都是觸點，也是銷售漏斗被觸發的地方。每一個從觸點進入銷售漏斗的人，都被稱為流量。

所以，想要進入新零售，傳統線下零售企業需要做的第一件事情，就是用「流量思維」取代「黃金店面思維」，深刻理解所謂「黃金店面」，只不過是某個特定歷史階段，由於某些特殊原因而形成的流量匯聚的地方。流量如水，來來去去。消費者去哪裡，流量就到哪裡；流量到哪裡，我們就應該去哪裡建立自己的場，架起自己的銷售漏斗，讓人流向自己的場，購買自己的貨。

「黃金店面思維」是坐在那裡，等著消費者來；「流量思維」是用戶在哪裡，就跑到哪裡去。

科技的進步創造了哪些過去不容易做到，如今卻可以實現的新觸點，讓我們去蒐集新流量呢？網路預約出租車（網約車）是其中之一。

二〇一七年十二月，車載便利商店「魔急便」獲得由金沙江創投領投的一二五〇萬元天使輪融資。魔急便在「滴滴網約車」裡建立了新零售的場，搭建自己的銷售漏斗，蒐集流量。乘客上車後，通過掃描QR code，可以購買車座椅背和座位間盒子內的商品，包括飲料、食品、日用品和應急品等。

魔急便的模式，其實並非首創。二〇一七年夏，美國創業公司Cargo就和美國的交通網路公司優步（Uber）合作，推出了同樣的模式。

討論魔急便能否成功，為時尚早。但是，為什麼這種顯而易見的觸點——流量來源，以前沒有人利用呢？因為條件不具備。沒有行動上網之前，現金流的問題無法解決，通過用戶、司機、出租車公司，再到零售企業，路徑太長，無法管理。但是網路帶來的現金流的便捷性，讓用戶掃碼就能付款，現金流效率提高，觸點的商業價值大增。

利用網路帶來的現金流的便捷性，滿世界找新流量的，不僅有魔急便，還有「猩便利」。

二〇一七年六月，猩便利在上海成立，九月便完成一億元的天使輪投資，十一月又拿到三．八億元的A1輪投資。幾個月內拿這麼多錢，做什麼呢？

在辦公室部署無人貨架。辦公室，顯然是一個流量密集的地方。過去，辦公室白領想買點零食，要去樓下的便利商店；如今，猩便利把無人貨架和零食直接放到辦公室裡。

討論猩便利的成功或失敗，也為時尚早。但是，我們要理解它的商業邏輯——把觸點伸到辦公室，蒐集流量，引入自己的銷售漏斗。之所以能這樣做，也是拜網路帶來的現金流的便捷性所賜。

現在街上出現的那些自動販賣機算不算蒐集流量的新觸點呢？

賣可樂和巧克力的自動販賣機，早就不是新鮮事物了，可能連「舊零售」都算不上。但是，最近街頭出現了很多奇葩的「新物種」。

比如，自動煮咖啡的咖啡機。這個不奇葩？那自動榨柳橙汁的橙汁機呢？五個柳橙榨一杯，還不奇葩？那自動現煮烏龍麵的煮麵機呢？這可不是泡方便麵，是真的煮一碗麵。

這些嘗試，如雨後春筍，很可能大部分都不會成功，但它們都是探索「蒐集流量的新觸點」道路上的排頭兵。一旦被驗證成功，某個傳統的零售模式就會顯得效率低下，從而陷入困境。

轉換率：提高轉換率，找對社群很重要

想盡辦法，找了更多、更有效和更便宜的流量後，如何提高轉換率？

傳統線下零售對這一點的研究，其實不少：店員的察言觀色，對消費者心理的把握，店鋪的裝修風格，甚至顏色、聲音、氣味等。只是，他們不稱其為「轉換率」，而叫作「成交率」。就這一點而言，新零售未必一定比舊零售做得好，大

家的基本理論是一致的。

如果說網路賦予了我們不一樣的新零售方法論，那麼「社群經濟」可能是個重大的差別。什麼是社群經濟？

從二〇一六年九月開始，我和「羅輯思維」的羅振宇有一個合作，在「得到」應用程式上推出《劉潤．5分鐘商學院》專欄。第一季（基礎篇）已經結束，第二季（實戰篇）正在進行中。

二〇一六年四月，羅振宇邀請我在得到應用程式上開專欄，我拒絕了。我是非常敬佩他的，過去四年的每一天，他都堅持錄六十秒音頻。這件事看起來容易，做起來卻非常難。一天不落地做一個星期沒有什麼問題，但四年裡一天不落絕非易事。而且他有強迫症，每天都是六十秒整，哪怕是五十九秒，都過不了他自己那一關。

當羅振宇問我，能不能在一個為期一年、收費一百九十九元的訂閱專欄裡，每天聊五分鐘時，我覺得這件事太恐怖了，辦不到。第一，我知道這背後的付出，絕對不是五分鐘，而是難以想像的堅持；第二，難以想像的堅持，才收一百九十九元？這事沒法幹啊。

羅振宇花了幾個月時間把我說服了。開設專欄後，我萬萬沒有想到，一年結束時，在得到應用程式上一共有十四萬份訂閱。

十四萬份！這個專欄一年創造了將近兩千八百萬元人民幣的收入。今天，第一季、第二季加在一起，早已超過二十萬份訂閱。

做了這件事之後，有很多人跟我說：「你自己也搞一個吧，幹麼要跟他合作，還要跟他分錢。」

如果我自己做一個類似的專欄，也能有十四萬份訂閱嗎？答案是不一定。《劉潤．5分鐘商學院》之所以能有十四萬份訂閱，除了我的產品因素外，還因為羅輯思維多年來積累了一千多萬用戶，而且這些用戶有一點共性：求知好學。

在這一特性之下，如果賣面膜，真不一定賣得好，轉換率可能只是平均水平。但是賣知識產品，轉換率就會非常好。

這就是我們常說的社群經濟。在網路時代，一群有共同興趣、認知、價值觀的用戶更容易組團，形成群蜂效應，在一起互動、交流、協作、感染的過程中，對產品品牌本身產生反哺的價值關係。在一個巨大的社群裡，銷售與本社群共性精準匹配的產品，其轉換率會前所未有地高。

客單價：更透析數據，更洞察用戶

有了流量和轉換率，如何讓零售的價值進一步提高？

下一步努力的方向就是「客單價」。什麼是客單價？就是一個消費者在一個商家一次能買多少東西。買得愈多，客單價就愈高。

提高客單價的傳統方法，是「連帶率」。有一個關於「世界商店」的經典段子：某位先生的太太週末要出差，他去商店給太太買行李箱。店員對他說，週末太太不在家，你應該挺無聊的，要不要考慮去度假釣魚？我們這裡有魚鉤賣，大、中、小號都有。恰好他覺得週末沒事幹，店員的建議不錯，就買了魚鉤。店員又介紹說，我們這裡還有配套的魚線。這位先生買完魚線後，店員又接著介紹說，我們這裡還有橡皮艇，還有皮卡（Pickup Truck），你可以直接開著皮卡，帶上全套裝備，去你喜歡的地方垂釣。最終，這位先生因為他太太要出差這件事，從這家店裡買了魚鈎、魚線，甚至還買了釣魚用的橡皮艇和皮卡。

這雖然是個段子，但其邏輯就是連帶率。網路時代還要靠巧舌如簧來提高連帶率嗎？靠這樣提高連帶率，永遠也「革」不了傳統線下零售坪效極限的命吧？

今天，提高連帶率有了一種新的工具：大數據。在「噹噹網」上買書，準備下單時，頁面上通常會顯示網站的推薦：買了這本書的人，也買過那本書。這就是依靠大數據獲得的連帶率。現在天猫、淘寶以及京東也在利用大數據，向用戶推薦他們感興趣的資訊和相關產品，試圖通過個性化推薦的方式提高連帶率。比如，我在淘寶買了一個修理路由器的小工具，這幾天手機淘寶的首頁推薦都是相關產品；如果買了一個跳繩，推薦的就是與跳繩相關的其他運動產品。

為了提高連帶率，網路公司不但用大數據，連人工智慧都用上了。

二〇一七年，阿里巴巴發布了人工智慧設計師「魯班」，它可以根據用戶喜歡的商品，比如電動工具，自動設計與之相關的廣告圖片。在二〇一七年雙十一期間，魯班系統累計自動製作了一．七億張設計圖，在以前這需要一百位設計師不吃不喝連續工作三百年。

有了大數據的精準推薦，加上人工智慧的美觀展示，消費者購物時的連帶率當然會進一步提升。

此外，還有一些以銷售輕奢、潮牌、設計師品牌為主的時尚穿搭電商平台，除了推出購物應用程式之外，還開發了搭配師專門使用的應用程式，進行服裝搭配方案的設計。這些搭配師全部是專業設計人士或者時尚編輯、藝人造型指導師等，他們會定期提供不同的搭配方案。這些搭配策略吸引了不少女性甚至男性消費者，有的男性顧客的最高客單價達十萬元。

舉個例子，北京有家創業公司「零時尚」，在社區裡開了不少女裝店。我在《商業評論》雜誌上寫過這個案例，在《5分鐘商學院．基礎篇》中也講過。這家公司做得不錯，發展迅速，但也遇到了「流量天花板」，怎麼辦？

尋找新流量，提高轉換率，增加客單價。零時尚的目標流量，也就是社區裡的女性消費者，她們到底分布在哪兒呢？除了服裝店，她們還在美髮店、便利商店和美容院。那就和這些異業結成聯盟，把它們的流量蒐集起來。於是，零時尚與美容院合作，創造了一種叫作「蝶衣Ｂｏｘ」的商業模式。

這就是「尋找新流量」。

美容院的員工與顧客有充分的信任關係和大量的交流時間。經他們推薦，顧客在零時尚應用程式上，完成詳細的身體特徵識別，就可以申請免費試穿一盒專門為她搭配的衣服。美容院的環境、員工與顧客之間的信任，增加了推薦的可能性。

這就是「提高轉換率」。

幾天後，顧客再去美容院時，一盒十幾件衣服已經送到，裡面還有這些衣服應該怎麼搭配的介紹。顧客一件件試穿，照著鏡子感受專業搭配帶來的驚喜。專業就是專業，這麼搭配好看，那麼搭配也好看，於是，很多顧客會忍不住多買了幾件。

這就是「增加客單價」。這個模式受到美容院的極大歡迎，也給零時尚帶來了非常可觀的業績。提高客單價的方法，除了透析數據，更要洞察用戶。

回購率：體現「忠誠度」

我兒子小米參加了一個在線英語培訓。那家培訓機構聘請美國的小學老師，給中國小學生做線上培訓。這些老師發音特別準，還學過教育心理學方面的知識，由他們教中國孩子英語，我覺得特別好。於是，我陪著小米上了一節課。課上，我和小米都很認真。課後，小米特別高興，我也特別高興。

我忍不住把小米上的課，拍了一張照片分享到朋友圈。我的朋友圈好友特別多，而且大多是業界知名人士，還有不少企業家，我特意隱去了這家培訓機構的名稱。因為一旦指明是哪一家，就等於用我的個人信用為它做了背書。萬一朋友們的體驗不好，出了問題，說不定會怪我，覺得我的推薦不負責任。分享之後，有很多朋友私信問我：你說的那個培訓機構，叫什麼名字啊？我也想讓孩子去上課。我當時想，人家特意來詢問，也不好意思說就不告訴你，於是我就說了名字。

過了一段時間，這些朋友又來了，他們問：你上次註冊的時候，用的手機號碼和名字是什麼？我說：這重要嗎？他們說：重要，因為那家培訓機構表示，如果有推薦人，他們會給推薦人再送十節課。

我一聽，這是好事啊！於是，就把註冊名字、手機號碼告訴了他們。然後，我的帳戶裡多了十節課，又多了十節課。很快，一年的課都有了。

這時，我又忍不住再分享一次。需要注意的是，第二次忍不住和第一次忍不住的動機不同。第一次忍不住，是因為信任和喜歡，是我對這家培訓機構的認可；第二次忍不住，則有利益驅動。但不管是哪一種原因，我作為一位老用戶，給它帶去了很多新用戶。

事實上，這家英語培訓機構，如果想要獲得我朋友圈裡的這些用戶，需要花錢做廣告、地面推廣、去地鐵等人流密集的地方做宣傳、拉人介紹等。但是由於它的產品足夠好，因為我的分享而獲得了新用戶，而且是免費的新用戶。

這就是「回購率」。自己不停地買，還介紹朋友買。做生意誰都不想做一次性買賣，無論是線上還是線下。那麼，怎樣才能讓買過的用戶一買再買，並介紹別人來買？這就是提高回購率需要研究的問題。因為用戶只要每多買一次，第一次獲客的成本就可以被多攤薄一次。提高回購率，挖掘客戶終身價值，是新零售的終極大殺器。

除了利用網路傳播，極為方便地推薦朋友購買，提高回購率之外，新零售還帶給我們其他的可能性了嗎？

用會員制，讓用戶自己不停地買。

消費者成為會員，意味著在交易之外，雙方建立可持續互動的關係。相較普通用戶，會員無論在營收貢獻、成本控制方面，還是在品牌認可、口碑傳播方面，都比普通用戶更具價值。

幾年前，亞馬遜開始力推它的會員計畫：Amazon Prime。

相較普通用戶，Amazon Prime會員在繳納一定的會員費之後，就可以享受免運費、快速送達、免費試用、專項優惠、滿額優惠、提前下單以及流媒體等各種特權服務。美國消費者情報研究合作夥伴（CIRP）調查報告顯示，Prime會員平均每年會在Amazon花費一千三百美元，而非會員只有七百美元。會員的客單價、回購率，明顯較高在國內，京東也推出了類似的「京東會員Plus」計畫。最近，風頭正盛的「網易考拉」也推出了「考拉黑卡」。這一切的背後，都是為了提高回購率。

再次回顧一下銷售漏斗公式：

銷售額＝流量×轉換率×客單價×回購率

一場坪效革命，離不開流量、轉換率、客單價、回購率這四個關鍵要素。每一個單項的提高，甚至可能引發革命性的突破。

02 小米新零售，如何做到二十倍坪效

為了完成此書，我特地與小米創始人雷軍進行了一次訪談，試圖深入理解小米的新零售。

雷軍說，最近幾年，他接受過的正式訪談不過三、四次。因為他的商業模式相當複雜，不容易講清楚，也難以寫明白，於是拒絕了幾乎所有的採訪。

我曾在二〇一五年，經官方授權對小米做了一兩個月的深入調研和訪談，並由此寫了一本暢銷書《互聯網+》，因而對小米有比較全面的了解。我說，讓我試試。

雷軍接受了我的採訪：

> 我們對效率有極致要求，那就是讓線下的小米之家和線上的小米商城，實現同款同價。
>
> 這就是小米的新零售。

說實話，當時我對線上線下同款同價的小米新零售是心存一點困惑的。小米之所以能在過去以不可思議的價格，提供高顏值、高品質、高性價比的商品，不就是因為它們只在網路上做直銷，所以成本比線下低得多嗎？

今天要轉身做線下，還要和線上同價，可能嗎？如果用線下的成本結構，可以做到和線上同價，不就說明過去線上的價格還不夠低嗎？

小米到底能不能在線下商店，以線上的極低價格出售商品，同時還能賺錢？這個問題其實就是，小米到底能不能通過效率手段，提高流量、轉換率、客單價、回購率，突破傳統線下零售的坪效極限，超越線下每平方公尺的高昂營運成本。

小米的坪效到底做得怎麼樣呢？雷軍很自豪地說，目前小米的（年）坪效已經做到了二十七萬元／平方公尺，僅次於蘋果專賣店的四十萬元／平方公尺，是其他手機專賣店的很多倍。在二十七萬元／平方公尺的坪效下，就算按照百分之八的毛利率來計算，現存的兩百四十二家小米之家，其毛利都足以覆蓋營運成本。

極致的坪效只是結果，把流量、轉換率、客單價、回購率做到極致，才是手段。雷軍開始耐心地逐一解釋他的戰略和打法。

選址對比快時尚＋低頻變高頻

提高流量，就是讓進店的人流變多。雷軍採取了兩個辦法。

選址對比快時尚

過去的小米之家，開在辦公室裡面，一般只有粉絲才會去，人少，沒流量。現在的小米之家，為了獲得自然流量，會選在核心商圈，對比快時尚品牌。

關於這個問題，採訪完雷軍後，我又專門打電話給小米公司的總裁林斌，他做了更詳盡的解釋。他們發現小米的用戶和優衣庫（Uniqlo）、星巴克（Starbucks）、無印良品的用戶高度重合。把店開在地鐵站，人流量雖然很大，但是大家不進店；把店開在重奢的商場，大家購買的心態和頻次都很低。所以，小米確定了和優衣庫、星巴克、無印良品對比開店的選址策略。

小米之家的負責人張劍慧說，目前小米之家的選址，主要是一、二線城市核心商圈的購物中心，優先和知名地產商合作，比如萬達、華潤和中糧等。對於入駐的購物中心，小米還要考察其年收入。小米之家在入駐商圈之前，一定會統計客流，計算單位時間內的人流量。

逐漸地，小米形成了自己的選址邏輯，並通過這樣的方式獲得了基礎的目標流量。

低頻變高頻

懂零售的同學可能會立刻反問：對比快時尚品牌的選址邏輯？快時尚品牌之所以敢選那麼貴的地方開店，是因為它們是高頻消費產品。而手機是低頻消費產品，一兩年才買一次。消費頻次這麼低，卻選在這麼貴的地方，那不是找死嗎？

雷軍說，這就是小米新零售的關鍵打法「低頻變高頻」起作用的地方。

什麼是低頻變高頻？比如「58同城」這個網站，求職、租房，一年有一次就不錯了，都是低頻生意，但是把一百個低頻分類資訊加在一起，就變成了高頻。

小米也一樣。在過去幾年中，小米投資了不少生態鏈企業，有行動電源、手環、耳機、平衡車、電子鍋、自行車……多種多樣。小米之家現在有二十至三十個品類，兩百到三百種商品，如果所有品類一年更換一次，就相當於用戶每半個月就會進店來買一些東西。雖然手機、行動電源、手環等商品是低頻消費品，但是將所有低頻加在一起，就變成了高頻。

我問林斌對這個問題的看法時，他說這一點太重要了。自從小米快速擴張小米之家後，有些手機廠商也選擇對比小米之家，用快時尚選址的邏輯，甚至就在小米之家對面開店。林斌一開始還有點擔心，但後來發現很多用戶進他們的店逛了一圈，什麼也沒買就出來了。只有幾款手機這樣的低頻消費產品，消費者逛一圈，確實沒什麼可買的。

但是，在小米之家，這次買了手機，過段時間買個手環，下次再換個藍牙音響，這樣一來，就把一年來買一次手機的低頻，變成了每半個月來一次的高頻；把進店沒東西可買的低效流量，變成了進店總能買幾樣東西的高效流量，從而解決了流量問題。

爆品戰略＋大數據選品

轉換率，就是進店後有多少人真的會買東西。雷軍說，小米通過兩種方法來提高小米之家的轉換率。

一、爆品戰略

小米一直有個極致單品的邏輯，叫「爆品戰略」。雖然看起來有很多產品，但是每一個品類小米都只有幾款產品。比如行李箱就兩三款，雨傘只有一款。其他的公司，可能會做幾百款。爆品戰略帶來兩個好處。

首先，可以在單件產品上傾注更多的心血，因此設計感、品質都有機會做得更好。一件設計感更好的商品，本身就能帶來更多轉換率。我們稱之為「靜銷力」，靜靜地放在那兒，你就忍不住要買。

其次，爆品帶來的巨大銷量，又必然會帶來供應鏈成本的降低，導致價格盡可能地便宜。一件品質很好又便宜的商品，當然能帶來更巨大的轉換率。

因為爆品戰略，這些過去在網上被百分之十的電商用戶享受的優質低價商品，現在擺在百分之九十的線下用戶面前。很多進店用戶都拿著購物籃裝滿為止，根本不看價錢。

四、大數據選品

線下的面積有限，所以賣什麼要看什麼東西好賣。但什麼東西好賣呢？因為已經做了幾年電商，小米可以根據之前積累的網路數據來選品。

比如，小米之家可以優先選擇線上被驗證過的暢銷產品，比如小米6手機、手環、電子鍋等。如果是新品，則根據口碑和評論來觀察，比如看一下前一週線上的評論，不好的不上。

此外，根據大數據來安排不同地域小米之家店面的選品，並且統一調度。比如，這款電子鍋在線上賣的時候，河南的買家特別多，那麼河南的小米之家在鋪貨時，電子鍋一定會上。

另外，這裡不好賣的東西，可以在那裡賣；線下不好賣的東西，可以在線上賣；甚至反過來，線上不好賣的東西，在線下賣。比如平衡車，很多人沒有接觸過平衡車，光靠在網上看照片，是比較難下決心買的。但是把平衡車放在線下，用戶可以摸一摸、試一試，發現這東西挺有趣的，反而更有可能購買。這就是利用了線下的體驗性優勢，真正實現了線上和線下打通。

通過大數據精準選品，賣暢銷品，賣當地最好賣的貨，大大提高了用戶的轉換率。

提高連帶率＋增加體驗感

提高客單價，就是如何讓用戶單次購買更多的東西。雷軍說，這要靠提高連帶率和增加體驗感。

一、提高連帶率

連帶率，就是買了一樣東西，順便多買幾樣其他的。

用戶進店一看，雖然有幾百種商品，但都是白色、圓角，風格極其一致，顏值非常高，感覺它們就是一家工廠生產的。

你買一個小米監視器，覺得很好；再買一個小米路由器，監控數據可以三十天循環保存在路由器的硬碟上；再買台小米電視，打開家裡的電視，就可以監控辦公室的情況；如果你還有個小米手機，旅行中拍的照片，家人在小米電視上就能實時看到等。它們之間技術上的關聯性、協同性，甚至僅僅是外觀上的一致性，都會提高連帶率，讓用戶忍不住多買。

四、增加體驗感

很多人以前聽過小米，但並沒真的見過小米的產品，更不知道小米產品這麼豐富。現在這些產品都放在面前，可以好好體驗一番。

小米之家非常强調體驗性，優良的動線設計，可以慢慢體驗，在店裡打「王者榮耀」也沒有關係。因為很多手機商店只賣低頻消費手機，所以必須强行推銷。但是小米通過「低頻變高頻」，無須推銷，甚至規定店員不經允許不能去打擾客戶。為什麼？因為這樣用戶才能充分感受產品、讚嘆價格。

同一款手機，在線上中低階版賣得更多，而線下則高階版賣得更多。為什麼？因為在線上缺乏體驗性，用戶只能比較參數；但在線下，用戶可以細細體驗外觀、手感、性能的差異，買高階的人變多，進一步提高了客單價。

小米之家甚至設置了「電視大師」和「筆記本電腦大師」這樣的工作人員，專門回答用戶體驗後的問題。電視、筆記型電腦這些高單價產品，在線上購買時難下決心，但因為用戶體驗，在線下賣得更好。

小米也在研究如何進一步提升小米之家的品牌形象和用戶體驗，不排除在未來會推出全新形態的小米之家旗艦店。

強化品牌認知＋打通全通路

怎樣才能讓買過的用戶一買再買，買得愈多愈來買？這就是回購率研究的問題。提升回購率，挖掘客戶終身價值，是新零售的撒手鐧。

怎麼做呢？小米之家其實還肩負著兩個重要的使命。

一、強化品牌認知

小米發現，線下更廣大的這部分用戶和線上的小米用戶，重疊度很低。於是，小米之家的一個重任，就是讓更多過去不知道、不了解小米的消費者認識小米，在他們心中植入小米的品牌。一旦買過、用過、喜歡上之後，這些用戶未來購買電子產品或者智慧家居商品時，就可能首先想到小米。

林斌舉了一個例子。有一次他在一家小米之家站店，來了幾位老太太。她們發現小米的東西真好真便宜，買完就走了。不久，拉來幾位老太太，又拉來幾位老太太，就這樣一位拉一位。這些老太太以前可能並不知道小米，因為讓她們在網上購物太難了。但有了小米之家，現在這部分用戶也開始認識小米產品，甚至喜歡小米品牌。

從這個角度看，小米之家線下店的一部分成本，在財務上甚至可以記入小米品牌的建設費用。如果把提高品牌認知當成收益，把費用補貼給小米之家的話，其利潤會更高。

打通全通路

小米把零售全通路從上到下分為三層，分別是米家有品、小米商城和小米之家。其中米家有品和小米商城是線上電商，擁有更多的商品。米家有品有兩萬種商品，是眾籌和篩選爆品的平台；小米商城有兩千種商品，主要是小米自身和小米生態鏈的產品；線下的小米之家有兩百種商品。在這個梯度的全通路中，小米之家還有一個重要的工作，就是從線下往線上引流，向用戶介紹更廣泛的小米系列產品。

顧客在小米之家購買商品時，店員會引導他在手機上安裝小米商城應用程式，如果顧客喜歡小米的產品，下次購買就可以通過手機完成。第二次在小米商城的購買，可以在更全的品類中選擇，並且沒有線下的租金成本。

通過打通線上線下，爆品在店內立刻就能拿到，用戶享受了體驗性和即得性；如果是店內沒有的商品，用戶可以掃碼，在網上購買。每個到店一次的用戶，就會成為小米的會員，有機會成為小米真正的粉絲，這將產生驚人的回購率。

03 盒馬鮮生，被實體店面武裝的生鮮電商

在生鮮零售領域，也有一匹坪效黑馬——盒馬鮮生。華泰證券研究報告顯示，盒馬鮮生上海金橋店二〇一六年全年營業額約二．五億元，坪效約每平方公尺五．六萬元，遠高於同業平均水平（一．五萬元），大約是同業的三．七倍。盒馬鮮生是怎麼做到的？

二〇一八年一月，我帶領「領教工坊」的私人董事會企業家小組和《劉潤．5分鐘商學院》的學員，拜訪了盒馬鮮生總部，並有幸得到盒馬鮮生創始人、阿里巴巴集團副總裁侯毅的親自接待。

侯毅的背景很有意思。首先，他有資訊背景。二十世紀九〇年代初，資訊專業本科畢業。其次，他有創業背景。畢業後侯毅開始創業，在多個領域從事過

經營。再次，他有傳統零售背景。一九九九年，他加入了當時還隸屬於光明乳業的可的便利商店，一幹就是十年，見證了可的從二十家到兩千家店面的蛻變。最後，他還有網路背景。二〇〇九年，再次拿到融資的劉強東一直在尋找「零售＋物流」方面的人才，最終侯毅入了他的眼。加入京東後，侯毅先後擔任京東物流的首席物流規畫師和O2O（online to offline，從線上到線下）事業部總裁。

傳統零售＋網路＋資訊＋創業，侯毅如此豐富的經歷，簡直就是為新零售訂製的。

根據市場調研機構尼爾森（Nielsen）的報告，中國生鮮電商市場規模二〇一八年有望超過一千五百億元，年均複合增長率達到百分之五十。但是，另一組數據顯示，二〇一四年，在全國四千多家生鮮電商中，實現盈利的只有百分之一，基本持平的有百分之四，百分之八十八略虧，剩下百分之七則處於巨虧狀態。

前面很多案例，都是傳統線下零售不如網路；而生鮮這個領域，網路卻不如線下。

為什麼？侯毅總結為：高損耗、非標準、高冷鏈物流配送成本、品類不全，無法滿足消費者對生鮮的即時性需求。

怎麼辦？侯毅決定從京東辭職，用新零售的方式，啃下這「最後一塊硬骨頭」。

想成大事，必須要頂層設計

二〇一五年，離開京東的侯毅，在上海與阿里巴巴集團執行長張勇見面。

作為一名資深吃貨、有著二十年物流經驗的程式設計師，又有一次次創業的經驗，侯毅堅信，生鮮品類的突破要從線下實體店作為切入點，因為超市賣場已經證明這個商業模式的可行性，通過數據將線上和線下打通，最終解決生鮮電商的行業痛點。

侯毅的想法很有前瞻性，如果模式成立，將會給行業帶來巨大改變。張勇當即決定支持他，但提出四點硬性要求：

第一，如果線下生鮮店最終搞成了傳統超市，那就算比傳統超市掙錢，也不幹。如果真要搞，線上的收入必須大於線下。

第二，線上的每日訂單一定要超過五千單，這樣才真正是一門有規模效應的生意。

第三，在冷鏈物流做到低成本可控的前提下，實現店面三公里半徑內三十分鐘完成配送。

第四，最終要做到線下往線上引流，應用程式不需要其他流量支持，能夠獨立生存。

這四點要求其實就是「頂層設計」。張勇對侯毅說，如果運營一段時間做不到，盒馬鮮生就要關掉，沒有存在的意義；如果能做到，就可以將其作為一種成功的商業模式複製。

雖然很多生鮮超市外觀差不多，但在不同的企業家心中，店的本質有很大區別。這四個要求，定義了盒馬鮮生線下店的本質，其實是獲得流量的方式，用戶最終的留存是在網上，回購率也是在網上。

傳統生鮮超市的交易結構是：

坪效＝線下收入／店鋪面積

而盒馬鮮生呢？張勇提出的四點要求，就是把盒馬鮮生定義為「被實體店面武裝的生鮮電商」，强調了電商的主體性，其交易結構是：

坪效＝（線上收入＋線下收入）／店鋪面積

在這個交易結構下，如果線上收入真能大於線下，它的坪效就有機會做到傳統超市的兩倍，甚至更高，從而突破傳統生鮮超市的坪效極限。

這就是頂層設計。盒馬鮮生一夜爆紅後，很多傳統生鮮超市前去學習，感觸頗深：他們真會「理解用戶」，牛奶只賣當天的，我們要學習；他們真會「打磨產品」，食材都是產地直供的，我們要學習。這些紛紛開始學習盒馬鮮生的傳統超市，經過不懈努力，終於在幾個月後……倒閉了。

為什麼學「先進」，學著學著就成了「先烈」呢？

因為他們學了盒馬鮮生看得到的顧客導向、產品導向，卻沒學它看不到的頂層設計。這個頂層設計在第一天就定義了盒馬鮮生是什麼、交易結構是什麼、商業模式是什麼。

頂層設計對商業模式非常重要。伊隆．馬斯克，作為SpaceX的創始人，在做火箭發射前訂了兩個目標：

第一，火箭一定要能回收，並且能重複使用；

第二，必須把每次火箭發射成本降到原來的十分之一。

如何完成這兩個目標，馬斯克起初並不知道。但他知道，只有達成這兩個目標，才能成為有經濟效益的商業模式。

盒馬鮮生也是一樣，侯毅和張勇先訂了四個目標，然後再去想怎麼組團隊，用什麼樣的方法去實現。至於後來的那些具體做法，比如在超市裡開餐廳，只能用應用程式買單，在頭頂安裝傳輸帶實現三十分鐘送貨等，都是這個頂層設計下的具體做法。然而，這些做法真的有用嗎？真能突破坪效極限嗎？

現買現吃，打造極致體驗

為了突破傳統生鮮超市的坪效極限，侯毅和張勇在頂層設計裡，規定了必須有一部分比線下還要高的、來自線上的收入，確定電商的主體性，而且線下要向線上導流。

具體怎麼做？從電商平台買海鮮，一個很大的痛點就是怕不新鮮。生鮮和可樂、洋芋片不同，它不是標準品。比如蘋果，下一星期雨後去採摘，一定不甜；向陽的那一面比背陽的那一面更紅；有的蘋果大，有的蘋果小。很難保證用戶每次體驗到生鮮產品時，感受都是一樣的。

在傳統生鮮超市，用戶至少可以挑。但是，在網上購買，送來什麼完全不知道。消費者對在網上買生鮮，缺乏一份信任感。

為此，盒馬鮮生規定，完全無條件、無理由退貨。只有這樣，才能把「不確定性」的風險，從消費者手裡轉移到自己手上，建立信任感。

但這樣還不夠。如果能試吃，就更好了。於是，盒馬鮮生做了一個大膽的嘗試，在超市內部設立大面積的活海鮮展區、特色的水產加工區——海鮮吧，以及餐飲體驗區。在活海鮮展區買了海鮮後，用戶可以選擇直接在海鮮吧加工，按照價目表支付一定的加工費後，就可以在餐飲體驗區品嘗到美味的海鮮。

這就相當於在超市裡做餐飲。在超市裡做餐飲，是侯毅的想法。在他看來，少了餐飲就很難做到極致的體驗。他帶領團隊前往台灣參觀上引水產，發現對方主要以餐飲為主，而且食客百分之八十來自大陸。這堅定了侯毅做海鮮的想法，同時餐飲的整體思路也基本形成。

我曾經和同事們專門去盒馬鮮生試吃過一次，確實非常好吃。對於海鮮類產品，新鮮是最重要的。只要能保證新鮮，就算不是星級大廚，也能做出美味海鮮。

盒馬鮮生鼓勵大家現場試吃，是為了多賺每斤十幾元的加工費嗎？當然不是，現買現吃的目的，是為了讓用戶對盒馬鮮生的品牌和它的生鮮產品產生極大的信任和好感。用戶吃完之後感覺「真好，真不錯」時，顧慮打消了，盒馬鮮生的目的就達到了。

把線下的體驗做到極致，是為從線下往線上導流做準備。

為什麼必須用應用程式才能買單

很多人都知道，在盒馬鮮生買東西，不收現金、不刷銀行卡，甚至不能直接用支付寶買單（當然，更不能用微信支付了），只有一種付款方式，就是用盒馬鮮生應用程式買單。

在日均人流量三萬人次的金橋國際廣場，盒馬鮮生金橋店開業首日的銷售額並不亮眼，五千三百人進店僅帶來十幾萬元銷售額。為什麼？因為「啊？你們居然不收現金！」

不收現金這件事，一度讓盒馬鮮生站在風口浪尖。有些上海大媽因為不能付現金，在最後收銀的一刻扭頭走人。還有人向媒體投訴：這裡有家店，在中國經營，但是不收人民幣。記者暗訪後，真的報導出來，掀起不小風波。

盒馬鮮生並不是不收人民幣。應用程式背後是支付寶，支付寶背後還是人民幣。刷信用卡，也沒收人民幣啊！這件事最後平息了，但是，為什麼盒馬鮮生甘願冒風險，也堅持一定要通過應用程式結帳？

這又要回到盒馬鮮生的頂層設計。

在侯毅看來，不收現金是底線，因為這決定了盒馬鮮生的四個目標之一：「把用戶從線下往線上引流」能否行得通。只有這樣，才能促使那些在盒馬鮮生實體店購買過商品的用戶，在離開實體店這個消費場景後，仍有機會繼續逛線上的盒馬鮮生。

因此，在開業初期，盒馬鮮生寧願損失一定的銷售額，也堅持「你不裝應用程式，我就不賣給你」。

侯毅說，後來那些老太太們又回來了。因為盒馬鮮生體驗好，值得信任，而且並不貴。她們在家讓孩子給裝好了盒馬鮮生應用程式，又回來買了。

讓消費者養成用應用程式付費的習慣，確實有點難。起初，盒馬鮮生要在店面的收銀處立一塊大牌子，詳細說明安裝步驟，但是隨著盒馬鮮生持續、穩定地按照頂層設計提供消費者所需的商品和服務，慢慢地，習慣就養成了。

要知道，這一目的若能達成，將會帶來一場真正意義上的坪效革命。如果線上銷售額能與線下相同，就意味著盒馬鮮生單店的總體收入可以翻倍。回到坪效公式，總體收入翻倍，身為分母的面積不變，那麼單店的坪效也就隨之翻倍，利潤也隨之增加。

如果線上銷售額能進一步增加，線上和線下的比例能做到二比一，那麼，同樣的店租所產生的收入，將會是原來的三倍，這就是只能用盒馬鮮生應用程式付款的最終目的。

據侯毅透露，盒馬鮮生用戶的黏著度和線上轉換率相當驚人，營業半年以上的成熟店鋪線上訂單占比已超過百分之五十，而盒馬鮮生在上海的第一家實體店，線上占比甚至已達百分之七十，即線上是線下的兩倍以上。

三十分鐘物流打造「盒區房」

有了極好的現場體驗性和線下往線上導流的應用程式，盒馬鮮生下一步要解決的痛點就是物流速度。

自從第一次去盒馬鮮生體驗之後，我太太就成了回頭客。我們家幾乎每天都會在盒馬鮮生應用程式下單，購買當天的晚餐食材。為什麼呢？因為確實方便，生活品質有了很大的提高。三十分鐘配送，這對很多不經常做飯的人來說，是個不錯的選擇。

比如下午四點多，你還在上班，晚上特別想在家裡吃一頓飯。可是家裡沒吃的了，怎麼辦？下班後再去菜市場？一來菜很可能不新鮮，二來距離可能很遠，而你又不能翹班去買菜。這時，如果你用盒馬鮮生應用程式下單，你的辦公室或者你家在它某家店面三公里的配送範圍內，那麼三十分鐘後，新鮮的食材就可以送到你手上。

三十分鐘這個時間點很重要。為什麼不是一小時或者兩小時？在阿里巴巴執行長張勇看來，三十分鐘快遞到家是一種極致的服務體驗。只有把用戶體驗放在第一位，把消費者心理做出來，才能形成消費黏著度。

三公里三十分鐘，這兩個數字背後，經過了嚴格的測算。侯毅說，三十分鐘是一個人生活中隨機時間的極限，因為人們對三十分鐘以後的時間都有相應的規畫，消費者下單後，多數希望在三十分鐘內拿到貨。所以三十分鐘內送到家是最佳選擇。

設置三公里的範圍限制，除了時間方面的考慮外，還有成本控制方面的考量。生鮮電商難就難在需要構建冷鏈物流配送體系，如果沒有，商品的損耗會很高，一旦採用，成本又會上升。而三公里的範圍，可以用常溫配送替代冷鏈物流配送，大大降低了物流成本。

三公里三十分鐘的快遞速度是如何實現的？盒馬鮮生的官方回答是：

> 綜合運用了大數據、行動上網、智慧物聯網、自動化等技術及先進設備，實現人、貨、場三者之間的最優匹配。從供應鏈、倉儲到配送，盒馬鮮生

都有自己完整的物流體系，大大提升了物流效率。

我來「翻譯」一下，這三十分鐘是怎麼計算出來的。

當用戶在應用程式下單的一瞬間，訂單就到了盒馬鮮生的數據庫裡，賣場立刻就有揀貨員行動起來。盒馬鮮生準備了很多保溫袋，每個保溫袋上都有QR code，這是配送專用袋。揀貨員會用一個電子掃描設備掃描袋子的編碼，然後迅速開始揀貨，掃描設備上就是顧客剛剛下的訂單。每個工作人員只負責固定區域商品的取貨工作，這樣就不用跑動太長的距離，提高了工作效率。

盒馬鮮生貨架上的標籤，全部採用黑白液晶螢幕顯示的電子標籤，價格會根據後台的控制自動刷新，使商品實現線上線下同價。

商品揀選完後，揀貨員會把保溫袋掛在一個掛鉤上，掛鉤連著一套布置在整個店面頂部的鏈條傳送系統，這個系統會將選好的商品傳送至負責倉儲和物流配送的後倉，在那裡整合打包，這個過程會在三分鐘內完成。最後，門外的快遞小哥掃描一下貨箱後，就可以去送貨了。後台還為快遞小哥計算好了送貨的路線和送貨地點的先後順序，這種基於先進算法的技術，大大提高了物流的效率。

從用戶下單，到把商品裝車，只允許花十分鐘。

怎麼做到的？還記得前面提到侯毅有資訊背景嗎？

用資訊技術（Information Technology, IT）系統來提高效率，這時候就顯得極其重要。

快遞小哥花二十分鐘，把生鮮送到用戶家。

三十分鐘配送有一個限定範圍，就是盒馬鮮生店面的三公里半徑內，也就是大約二十八平方公里。因為盒馬鮮生的火爆，有些房產仲介公司專門提出了「盒區房」概念——即盒馬鮮生店面三公里範圍內的房子，業務員在給客戶介紹時說，這個房子不僅是「學區房」，還是「盒區房」，所以價格會貴一點。

據媒體報導，盒馬鮮生創造了一個「三公里新生活社區」。盒馬鮮生每開一店，都會受到周邊居民追捧。家住上海太原路建國西路一帶的李女士，不在盒馬鮮生三公里配送範圍，於是，她堅持讓保姆每天走兩個路口去接盒馬鮮生的配送員。後來，她乾脆將家搬到盒馬鮮生配送區內。

盒馬鮮生在三十分鐘這件事上下狠功夫，主要取決於以下兩點：

第一，盒馬鮮生的最終目的是讓用戶在線上買東西，不去店面也會在線上下單。只有顧客在網上下單才能提高回購率，才有可能真正突破傳統生鮮店面，實現真正的坪效革命。

第二，基於這一目的，盒馬鮮生的核心價值就是往線上導流。線下實體店的坪效是有極限的，它所做的一切——只用應用程式收錢、產品的日日鮮模式、極致的體驗感、三十分鐘物流，都是為了往線上導流，這樣才可以重新定義一家生鮮店面。

三十分鐘物流就是為了讓線上用戶不會覺得在網上買東西不方便，甚至會覺得比去店面更方便。

坪效革命，來自完全不同的交易結構

在超市裡開餐廳、只能用應用程式買單、在頭頂上安裝輸送帶實現三十分鐘送貨，這三件事背後只有一個邏輯：通過重新定義實體店，把盒馬鮮生設計為「被實體店面武裝的生鮮電商」。

事實上，這很難做到。「三十分鐘物流」與「店倉結合」的物流體系看似簡單，其實需要强大的資訊系統來支持，其中還包括常溫物流、冷鏈物流、中央廚房、鮮活海鮮的物流配送中心和暫養池等。據說，為了建設這一套物流體系，盒馬鮮生花了一億元人民幣。但當這些核心能力建設起來以後，它的競爭力會遠遠超過一般企業。

在超市內部提供現買現吃的消費體驗並不是一件容易的事，因為超市和餐廳需要兩個不同的營業執照，想把這兩件事放在一起做，需要通過兩個監管部門的許可。為了搞定這件事，侯毅想盡辦法才說服上海市政府將盒馬鮮生作為網路創新項目，給了特批。就連應用程式付款結算，在最開始也面臨很大的輿論壓力。

盒馬鮮生做的這些事，都源於侯毅在一開始就想好了如何重新定義這家店，想好了它的頂層設計。最終，盒馬鮮生實現了線上比線下多得多的銷量。這也是他想用網路的方式解決生鮮問題的關鍵。

商業模式的可行性一旦被驗證後，盒馬鮮生複製的速度便開始加快。

截至二〇一七年十二月三十一日，盒馬鮮生全國的店面數量達到二十五家，成都、深圳、北京、西安等地更多的店面正在開設。在線上，盒馬鮮生已經實現用戶數字化、商品數字化、流程和管理數字化，大幅度提高零售的效率、店面及物流的營運效率。其主要消費者畫像也逐漸清晰，線上是年輕人，二十五歲以上的已婚女性，白領；線下的老年人更多一些。

百事可樂全球董事會主席盧英德（Indra Krishnamurthy Nooyi）、可口可樂全球執行長詹姆斯・昆西（James Quincey）、星巴克董事長霍華德・舒爾茲（Howard D. Schultz）等諸多國際一線品牌負責人先後到盒馬鮮生參觀。據說，亞馬遜創始人貝佐斯曾專程去盒馬鮮生上海金橋店參觀，回到美國後，於二〇一七年六月，以一百三十七億美元的高價收購了美國著名的全食超市（Whole Foods），這是迄今為止亞馬遜進行的最大一筆併購交易。與盒馬鮮生類似，一直以來，全食超市在美國提供最好的天然有機食品，並倡導中產階層的健康生活理念。盒馬鮮生讓貝佐斯看到，線下確實有其巨大優勢，通過線上和線下結合產生的綜合反應，能夠有機會實現坪效革命。

小米、盒馬鮮生只是新零售大潮中的兩個先行者。請記住：

坪效＝（流量×轉換率×客單價×回購率）／店鋪面積

然後不斷思考，如何利用網路、大數據、社交網絡、人工智慧，不斷優化每一個變量，接近甚至突破坪效極限，引發坪效革命。

第四章

短路經濟：

環節愈短，效率愈高

新零售，就是更高效率的零售。整本書其實都是在談效率。

第二章「數據賦能」，我們討論了「場」如何利用數據，重組資訊流、現金流、物流，獲得更高效率的交易結構，讓消費者更省錢，讓企業更賺錢。

第三章「坪效革命」，我們討論了「人」。消費者一旦從零售的觸點進入銷售漏斗，企業如何利用新科技，提升流量、轉換率、客單價、回購率的效率，提升從潛在客戶到終身忠誠客戶的轉化效率。

討論完「場」和「人」之後，這一章，我們從「貨」的角度，理解新零售。

01 商品供應鏈：人與貨不必在商場相見

零售，是整個商品供應鏈的最後一站。一件商品從設計、生產到消費市場的整個鏈條，可以將其歸納為D—M—S—B—b—C。

企業從D（設計）開始構思產品，經過M（製造），經過S（供應鏈），經過B、b（大小商家），終於與C（消費者）見面。通過「下頁圖4—1」可以有較為直觀的了解。

在這個完整的鏈條中，可以組合多種商業模式：消費者在地攤的小商販那裡買東西，可以稱為b2C；消費者去超市買東西，就是B2C；超市找經銷商進貨，是B2B；超市出租櫃檯給經銷商賣東西，則是B2B2C。但是，不論哪一種模式，不管鏈條有多長，作為消費者，都只能通過零售的「場」，從

B或者b手上買東西。

然而，消費者為什麼一定要在商場或者電商那裡與產品見面呢？也就是說，為什麼消費者必須依靠所謂的零售場景，在指定時間、指定地點「約見」商品呢？

如果你家旁邊正好有一家食品工廠，週末可以去逛一下，說不定正好能遇到員工內部的銷售活動。你一看，天啊！一盒在商場賣一百元的餅乾，這裡只賣二十元。你忍不住冒充員工買了幾盒。也就是說，你直接從工廠（M），而不是商家（B、b）那兒買到了餅乾。如果一定要給這種模式起個名字的話，可以叫它M2C。

你覺得賺到了，但是食品工廠就虧了

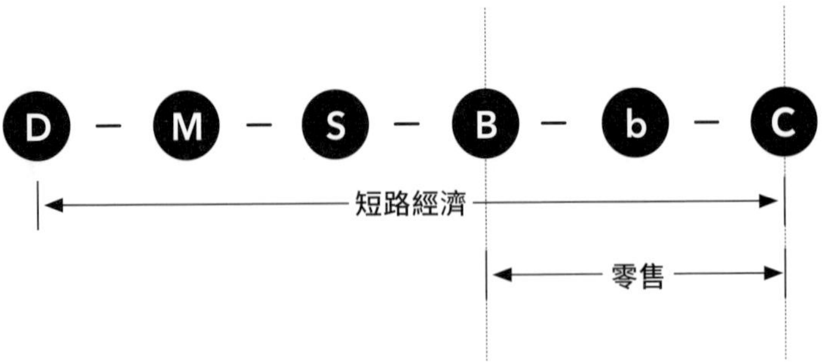

圖4-1

嗎？它不虧，因為平常賣給供應鏈（S）的價錢就是二十元。

既然是雙贏的，為什麼食品工廠不直接開店，賣三十元一盒？這樣，消費者能省七十元，而食品工廠還多賺十元，不是更好嗎？要回答這個問題，我們就要理解零售這兩個字的本義。

零售的英文是「retail」。中文和英文，正好側重這個商業形態的兩個特徵：中文「零售」中的「零」，強調「少量」；英文「retail」中的「tail」（尾巴），強調「末端」，直接面對消費者。在一些地區，只有百分之八十的商品是直接賣給消費者的B，才允許叫作「retailer」（零售商）。

所以，零售就是把少量的商品賣給末端的消費者。零售這個詞，是相對於wholesale（批發）而存在的。

批發，就是把大量的商品賣給中間零售商。現在，我們來分析一下，為什麼食品工廠不直接開店？

食品工廠把餅乾批發給零售商，花一小時和零售商溝通，結果賣了一千盒，每盒賺十元，一共賺一萬元；但食品工廠如果把餅乾零售給消費者，就算只花了

○・一小時溝通，但最後消費者只買了兩盒，每盒賺二十元，一共才賺四十元。這麼算下來，同樣的一小時，最多賺四百元。

食品廠一小時的時間成本是一千元，批發雖然價低，但能賺一萬元；零售雖然價高，但只能賺四百元，遠遠入不敷出。而且消費者可能還會退貨、換貨、打電話諮詢這東西怎麼吃——售後比較麻煩。

所以，為什麼很多工廠（M）不願意和消費者（C）打交道，直接用M2C模式把商品賣出去？就是因為消費者買得太少，而且太麻煩。所以，工廠選擇省事的薄利多銷，而零售商選擇麻煩的高利少銷，賺取其應得的批零差價。

各就各位，各司其職。怎麼樣，聽上去很合理吧？但是，這樣的商品供應鏈也帶來一個嚴重的問題，那就是定倍率很高。

定倍率

什麼是定倍率？定倍率就是商品的零售價除以成本價得到的倍數。一百元成本的東西賣五百元，那它的定倍率就是五。定倍率是商業世界最基礎的邏輯之一，是衡量商業效率的重要指標。定倍率愈低，效率愈高。

定倍率是從服裝業借過來的一個概念。服裝業定價的模型是將商品的製造成本直接乘以一個倍數，比如乘以五或者乘以十，得出的數字就是這個商品的建議零售價。服裝行業的定倍率大概是五到十。

可是，為什麼成本一百元的東西，要賣到五百元？這中間的四百元差價有必要嗎？

有必要。有人幫你去全世界選貨，節省你到處跑的成本，要不要花錢？挑完商品，運到你所在的城市，要不要花錢？運到了你的城市，還需要全國總代理、省代理、市代理以及零售商這一系列層級的通路代理商，才能把商品放在店鋪裡擺得整整齊齊，供你挑選，要不要花錢？如果你自己做一遍，估計花費遠不止四百元。這四百元，是為促成這筆交易，必須支出的費用。如果說那一百元是製造成本，這四百元就是交易成本。

站在消費者的角度來講，交易成本就是如何找到商品的成本；站在企業的角度，則是商品怎麼找到消費者，彼此發現的成本。

消費者一共付了五百元，那麼，零售業是從一百元的製造成本裡分錢，還是從四百元的交易成本裡分錢呢？當然是交易成本。所以，零售業的從業者一定要有一個不偏不倚的自我認知：

我是消費者的交易成本。

交易成本是必要的，但是那麼高，就不一定必要了。我特別喜歡穿某品牌的皮鞋，它的鞋子在市面上一雙要賣一千五百元。但我有個親戚是這個品牌的江蘇省總代理，在他那裡我只要花兩百五十元，就能買到商場裡賣一千五百元的鞋子。而我的親戚從工廠那裡進貨只要一百五十元，這雙鞋子的定倍率就是十。

定倍率為十，算不算高呢？還不算是最高的。化妝品、首飾、眼鏡等很多商品的定倍率遠高於十。例如，某品牌香水的市場價是七百八十元，它的原材料成本價是一五．六元，其定倍率為五十。

以前，很多人不知道定倍率這個概念，第一次聽說後義憤填膺，覺得化妝品工廠太黑了。為什麼化妝品的定倍率這麼高？因為化妝品屬於低頻消費，放在商場裡，可能很長時間賣不出去多少，但零售商要付出同樣的租金、員工工資等。此外，化妝品需要通過大規模的廣告推廣，才能建立起人們對品牌的認知度和信任度，這部分信任成本也包含在交易成本內。與化妝品類似，家具也屬於低頻消費品，其定倍率同樣很高。

因為不同商品的特徵導致中間付出的努力程度不同，不同商品的定倍率也各不相同。在基本技術穩定的情況下，各個行業會慢慢磨合出一種穩定的交易成本。今天，中國各行業的平均定倍率大概是四，高於世界平均水平。在網路衝擊之下，國內很多零售從業者遭遇滅頂之災，大多是因為這些企業的效率太低。美國網路比中國更發達，但為什麼沒有對美國的零售業產生這麼大的衝擊？因為美國零售業發展的時間要比中國長很多，在網路到來之前，美國的零售行業通過競爭的方式，已經經歷過行業內部的不斷優化和升級，所以效率相當高。比如美國的梅西百貨，它有百分之四十至五十的商品都是自營的。所謂自營，就是百貨商場自己去找到最源頭的製造商（M），直接訂製生產指定貨品，貼上自己的商標，在自己的商場（B）銷售。

用商品供應鏈的邏輯來理解，可以把這個模式叫作M2B。這樣，梅西百貨就繞過了國際貿易商、本地經銷商等S，去掉不必要的環節，把商品價格壓得非常低。

而中國的百貨商場，有很多還停留在收取提成的「聯營制」。所謂聯營，就是百貨商場自己不採購任何東西，也不賣任何東西，只做二房東，讓品牌零售商在這裡銷售商品，然後收取銷售提成。

在聯營制下，商場賺錢太容易了。二〇一五年七月，我去爬非洲的第一高峰吉力馬扎羅。領隊建議，爬這樣一座極具挑戰性的山，裝備要專業一點，於是推薦了一個著名的國際品牌。我在這個牌子的線下專賣店看中了一雙登山鞋，零售價是二四八〇元。店員看我像個窮學生，主動給我打了八八折，折後二一八二元。我很高興，但還是機智地用手機上網查了一下，發現這雙鞋在其天猫旗艦店售價一三九二元，京東商城則更便宜，才一一八八元。儘管很感激店員主動打折，但我最終還是選擇去網上買這雙鞋，因為時代的交易成本效率已經明顯提高了，我不願意為不思進取的商場，按照上個時代的交易成本付費。

不是說店家笑得發自內心，消費者就應該為商品支付更高的價錢。

這也是為什麼中國人會樂此不疲地跑到美國、歐洲買東西，然後帶回國。中國的東西比較貴，很大一部分原因在於交易成本環節，整個商品價值鏈太長，附加在上面的成本太高。

怎麼辦呢？

短路經濟

不管什麼時代，商業的規律從來沒有變過：

要麼用「創新」的方法，做出別人做不出的商品，獲得「定價權」；要麼用「效率」的方法，做到別人做不到的價格，降低「定倍率」。

管理學大師彼得．杜拉克（Peter Ferdinand Drucker）曾經說過：

當今企業之間的競爭，不是產品之間的競爭，而是商業模式之間的競爭。

什麼是商業模式？

商業模式，就是利益相關者的交易結構。

零售從業者不僅要有顧客導向、產品導向，同時也要有交易結構思維，優化自己的商業模式。

怎麼優化？零售商不應該僅僅面對消費者，而應該轉過身來，把眼光望向整條商品供應鏈，利用新科技，優化、縮短，甚至砍掉不再高效的環節。我把這種新零售的趨勢，稱為「短路經濟」。

短路經濟主要體現在兩個方面：

縮短環節：比如梅西百貨，縮短製造商（M）和零售商（B）之間的供應鏈（S），形成M2B的短路經濟模式；

鏈條反向：比如團購網站，把從零售商（B）到消費者（C）的商品供應鏈，反轉為從消費者到零售商，形成C2B的短路經濟模式。

所以，要麼藉助一切可能的新科技，短路商品供應鏈中的不必要環節，降低定倍率，給消費者提供性價比更高的產品；要麼消費者越過零售商，直接去找上游，甚至最終製造商。

在這一章，我將以下列幾個案例，來說明短路經濟是如何起作用的。

✽ **好市多**，如何藉助M2B模式，縮短S，做到比沃爾瑪更便宜，取得巨大成功；

＊**名創優品**，如何藉助M2b的模式，縮短S和B，做到價格只有別人的三分之一，創業四年做到一百億元年收入；

＊**天貓小店**，如何藉助S2b的模式，縮短B，挑戰7—11等傳統連鎖便利商店；

＊**閑魚和瓜子二手車**，如何藉助C2C模式，縮短傳統中介模式（C2b2B2b2C）中的B和b，讓買賣雙方都獲益；

＊**紅領西服**，如何藉助C2M模式，反向整個商品供應鏈，不僅縮短了b、B和S，還消滅了庫存。

02 好市多：M2B成就零售「優等生」

在美國，有一家高效率的收費會員制連鎖倉儲超市——好市多。其商品以低價優質著稱，只有付費會員及其攜帶的親友才能進入消費。

好市多是世界第二大零售商，第一是沃爾瑪。好市多雖然比競爭對手沃爾瑪晚出生二十年，銷售額也僅是對方的零頭，但其客單價是沃爾瑪的兩倍以上，坪效是沃爾瑪的兩倍。在二〇一七年《財富》（*Fortune*）美國五百強排行榜中，好市多名列第十六位。它從來不在媒體上做廣告，也沒有專門的媒體公關團隊。它還是華倫．巴菲特（Warren Edward Buffett）的黃金搭檔——查理．蒙格（Charles Thomas Munger）最想帶進棺材的企業。

這家超市雖然還沒有進入中國市場，卻已經有了中國學徒。不少中國企業將其視為學習的典範，這些企業裡有傳統的超商百貨、有線上流量枯竭的網路企業，還有擔心錯過風口的各路資本。小米執行長雷軍曾說，有三家企業對他創建小米影響深遠。一家是同仁堂，讓他知道要堅守品質；一家是海底撈，讓他懂得用戶超預期口碑的重要性；而第三家就是好市多，讓他了解如何將高質量的產品賣得更便宜。

我自己就特別喜歡好市多，每次去美國都忍不住衝到那裡買買買。好市多的商品有幾個特點。第一，非常便宜。雷軍逛完好市多後曾對媒體說過他的感受：

那是三、四年前，我跟一群高階主管去美國出差，一下飛機他們就去了好市多，晚上他們回來跟我展示採購的戰果。我問獵豹執行長傅盛買了什麼，他說買了兩大箱東西。新秀麗（Samsonite）的超大號行李箱再加一個大號行李箱，在北京賣多少錢？大概是九千多元人民幣，有人知道好市多賣多少錢嗎？九百元人民幣，相當於一百五十美元。反正我聽完以後真的是震驚了。後來我專門去研究了好市多是一家什麼樣的公司。

第二，包裝非常大。大袋的洋芋片與國內五公斤大米的袋子一樣大，巨大的一包牛肉大概是一整隻牛腿的量。

第三，品類少，但足夠選擇。每次去好市多，我都得借用美國同事的會員卡或者讓他帶我進去。

或許你會想，為什麼好市多不向所有人開放呢？買的人不是愈多愈好嗎？

很多人可能都有過這樣的消費經歷：去一家中國的超市買了不少東西，結帳時，店員問你有會員卡嗎？你說沒有。店員從口袋裡掏出一張自己的會員卡，「嘀」一聲刷完，然後開始幫你結帳。你很高興，因為你買的價格都是會員價；店員也很高興，因為她有了積分。

但是在好市多，沒有會員卡就不讓結帳，甚至連門都進不去。

當其他零售商都在為銷售量瘋狂吸引顧客時，好市多卻訂立了一套將部分顧客堵在門外的「完全會員制度」：六十美元年費的非執行會員，或是一百二十美元年費、可獲百分之二回饋最高至一千美元的執行會員。與一般提供增值服務的部分會員制不同，完全會員制意味著只有會員才有資格入內購物。

網上有一個段子描述好市多：如果殭屍來襲，一定要躲進好市多，這裡有牢固的水泥牆、足夠用好幾年的食物和生活用品。最重要的是，殭屍絕對進不了好市多的大門，因為殭屍沒有會員卡。

會員制引領好市多

為什麼必須有會員卡才能買東西？要理解這個問題，首先要深刻理解好市多的會員制度，理解好市多這個會員製版的短路經濟模式。

據資料顯示，好市多每年會員費收入大約二十多億美元，而二〇一七財年，好市多的淨利潤為二六・八億美元，這意味著整個好市多的利潤主要來自會員費。

會員制給好市多帶來的好處很多。首先，縮小了目標客戶範圍。好市多將目標客戶鎖定在中產階級家庭，「是否願意支出會員費」成為區分受眾購買力最簡單的標準。在會員費門檻之上，好市多圈定較為精準的客戶群體，相應地，對會員的數據監測更簡單，也更容易提高服務水平和營運效率。

其次，會員制也便於提升用戶的忠誠度。在同等價格和質量水平下，消費者往往會因前期的會員費成本而優先考慮在好市多消費，這樣才能讓自己的會員資格物有所值。在不斷的良性循環中，消費者更加認可已選擇的品牌，並保持著較高的黏著度。好市多會員的續訂率達百分之九十，每年都為好市多貢獻一筆穩定的收入。

好市多首席財務官理查德．卡蘭提（Richard Galanti）指出，二〇一七財年第三季度，好市多總計擁有一千八百三十萬執行會員，產生兩百億美元銷售額，約占總銷售額的百分之七十．九。

可是，為什麼一個人願意花六十美元或者一百二十美元，去買一個非儲值的單純的會員身分呢？那一定是因為他在這裡買東西，相對於在別的地方能省下來的錢，遠遠比會員費要多。

低價格＋高口碑，會員費反哺利潤

這種主要利潤來自會員費的商業模式，給了好市多必須進行短路經濟，大刀闊斧砍掉中間環節，極大降低商品價格的原動力。

怎樣才能做到極大降低商品價格呢？

商品的售價，主要取決於兩個因素：一是進貨的價格，二是零售商的毛利。在強大的會員體系支撐下，好市多在這兩方面都盡可能地做到最低。

進貨價格方面，好市多採用超低ＳＫＵ策略。沃爾瑪的ＳＫＵ大約在十萬個，每個商品品類向消費者提供非常多樣的選擇，而好市多僅僅提供約四千個活躍ＳＫＵ。好市多會選擇它認為有「爆款」潛質的商品上架，每個品類雖然選擇不多，但都是好市多精挑細選的優質商品，且包裝很大，量很足。

這樣，更少的ＳＫＵ節省了預定、追蹤和展示的成本，降低了平均庫存成本。好市多庫存週期只有二十九．五天，低於沃爾瑪的四十二天和塔吉特的五十八天。庫存週期的壓縮，帶來了資金運轉效率的提升，經營成本也有一定程度的下降。

另一方面，單品類的SKU往往代表足夠大的訂單量和更少的品牌競爭，好市多從而獲得與生產商之間更強的議價能力，進貨價非常便宜。

在毛利率方面，好市多內部規定，所有商品的毛利率不超過百分之十四，一旦超過這個數字，就需要執行長批准，再經董事會批准。但是，董事會在過去從來沒有批准過。

好市多的利潤主要來自會員費，商品毛利覆蓋營運成本即可，不需要從商品裡賺取更多的利潤。

同時，好市多的自有品牌非常著名。品牌代表穩定的預期，穩定的預期必然包含相應的溢價。好市多連這部分溢價都不願意讓會員多付。它的自有品牌科克蘭（Kirkland Signature）是全美銷量第一的健康品牌。多年來該品牌產品以其可靠的質量和良好的信譽，在北美眾多保健品品牌中備受關注，擁有極佳的口碑。

好市多通過會員模式、低SKU，獲得極强的議價能力，通過自有品牌減少中間經銷商環節，用巨大的溢價能力，直接從製造商（M）採購，最有效率地陳列在自己的賣場（B）裡，短路了中間的供應鏈（S），極大提升了整個鏈條的效率。好市多作為大B，成為短路經濟的一個代表，我們可以把這種模式叫作M2B。（見圖4—2）

此外，在後端行銷上，好市多幾乎沒有支出。相較於沃爾瑪百分之〇・五、塔吉特百分之二的行銷費用，好市多沒有廣告預算，只針對潛在用戶發送郵件，並向現有用戶派送優惠券。好市多允許會員攜帶一名親友進行購物，這恰好也在一定程度上形成了口耳相傳的廣告效應。

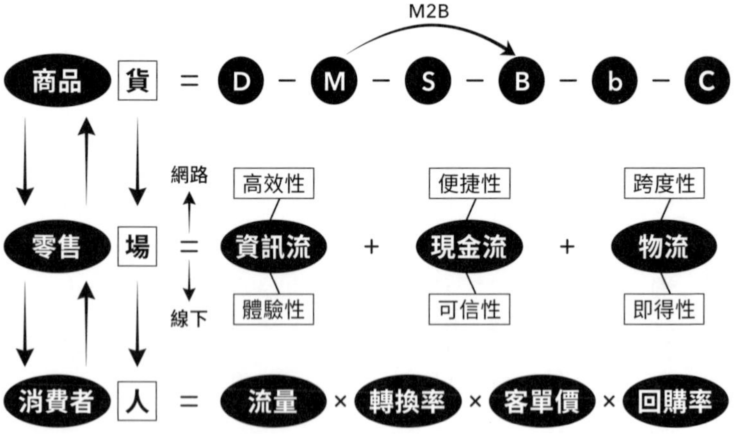

圖4-2

目前，好市多還處在高速增長階段。在過去十年，沃爾瑪銷售額的平均增長率為百分之五．九，塔吉特是百分之五，而好市多則達到百分之九．一。

在零售商超領域，還有一家高效的代表——德國超市奧樂齊（ALDI）。它的店面非常小，只有五百至七百平方公尺，單店的單品數量也有限，大約五百個。與其他超市不同的是，奧樂齊只賣自有品牌，不賣其他品牌的商品。每一個單品的質量跟德國市場上其他一流品牌的產品一樣好，甚至更好。

奧樂齊在全球範圍尋找生產商，按照一流品牌的產品品質生產。這樣，ALDI也在大B和M之間減少了供應商（S）環節，實現了短路，提高了效率。

在保證一流質量的基礎上，奧樂齊還試圖進一步減少環節，提高效率，降低價格。進價一元的可樂，真正的生產成本可能只有兩角，更多的成本並非生產環節造成，可能是被物流，被電視台、明星代言，被形形色色的市場活動以及公司高階主管的飛機頭等艙、五星級飯店等費用所提高。奧樂齊認為這很不合理，顧客不應該為電視台、為明星買單。奧樂齊希望採購的是裸體產品，要的是產品本身，不附加任何品牌溢價。

為了做到這一點，奧樂齊連商品都是自己直接去生產商那裡運，運貨的車輛，包括所有的輪胎，都會定期打磨，這樣可以跑更遠的路，甚至會調整擋風玻璃的傾斜角度，因為可以減少風阻，降低油耗，節約成本。

奧樂齊的創始人從不接受任何採訪，他認為接受採訪還不如去理貨，「我坐在鏡頭前誇誇其談幾小時，都會增加到商品的成本上」。

把效率發揮到極致後，奧樂齊商品的進價成本就天然地比其他零售商要低，也更具競爭力。沃爾瑪曾進入德國市場，後來又退出，就是因為競爭不過奧樂齊。

作為線下零售的優等生代表，好市多、奧樂齊都是通過短路的方式，盡可能地減少中間環節，做到更高效率的零售。

03 名創優品：M2b讓實體小店擁抱春天

二〇一三年，葉國富創立了一家經營日用雜貨的公司，賣眉筆、充電線、小玩具等，叫「名創優品」。

這看上去是再傳統不過的零售生意。但是，在日用雜貨行業定倍率為三的效率水準下，名創優品把定倍率做到了一。也就是說，它的銷售價格，基本就是別人的出廠價格。

所以，短短三年的創業期，名創優品在國內開了一千八百多家店面，還在海外五十多個國家和地區開了三百多家店。成立四年後，名創優品一年的銷售額，從零做到了一百億元。

有了這個底氣，在網路平台氣勢如虹，傳統零售業哀鴻遍野、關店成風的今天，葉國富對實體零售店的未來有強大的信心，他說，未來三到五年電商會死掉一大片。他甚至還曾放言：

馬雲與王健林的賭局，我認為馬雲必敗，如果實體零售輸了，我願替王健林出這個錢。

名創優品的背後有哪些祕密武器，能讓「國富」敢在兩位「首富」的賭局裡插上一腳？

我們來理解一下葉國富的商業模式。

黃金地段的小生意

名創優品旗下的店鋪，都是一百到兩百平方公尺左右的小店（b），與好市多、家樂福等兩層樓的超市相比，它的店鋪面積太小了。

店鋪雖小，但選址都很好，其店面幾乎都開在購物中心和主流步行街，而絕大部分購物中心及其周邊、主流步行街都是吃喝玩購一條龍服務，人們在享受完吃大餐、喝咖啡、看電影、練瑜伽、做水療（SPA）等體驗式服務之後，順便走進名創優品的店面挑挑選選。這極大地減少了消費者購物的時間成本。

但是，人流聚集區店鋪租金必定不菲，名創優品是怎麼做到在這麼貴的地方，把日用雜貨賣出超低價的？

有一次我對葉國富說，名創優品就是典型的短路經濟。

名創優品這個小店最厲害的地方，就是攜著一千多家小b的購買力，直接去製造商（M）拿貨，中間沒有什麼總代理、省代理等各級代理。日用百貨的商品供應鏈被短路成了M2b。（見下頁圖4—3）

別人投資，自己管理

葉國富在混沌大學演講時曾說：

過去層層代理、層層加盟的時代已經過去了。今天的網路時代，資訊高度透明，招商、加盟這種封建式的遊戲，沒人陪你玩。

宜家、優衣庫、好市多沒有一個加盟店，沒有一個代理商，全部是公司直接開店。名創優品在全國也沒有一家加盟店，直接從工廠到店鋪，中間沒有任何環節。我們的所謂加盟商只是店鋪的投資人而已，他們沒有任何經營權。店長、店員直接向總公司匯報工作。他們

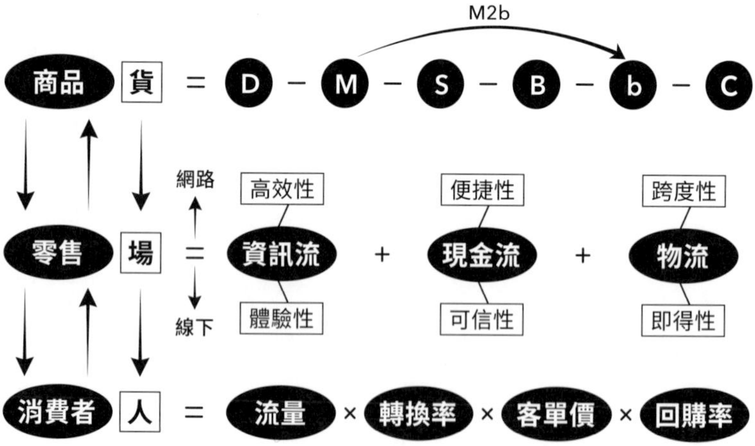

圖4-3

有什麼意見，直接來找總公司。這樣的模式帶來通路極短、效率極高、價格極低的效果。

這當中說的「所謂加盟商只是店鋪的投資人」是什麼意思？

葉國富用了一種介於直營和加盟之間的開店模式，叫作「直管」。直營，就是自己投資，自己管理；加盟，就是別人投資，別人管理；而直管，就是別人投資，自己管理。

投資人帶著兩種東西來找名創優品：好的店鋪位置和錢。然後，你就等著分錢吧，管理的事情，我來。

聚沙成塔的規模效應

葉國富通過直管的模式，迅速聚集了一千多家小b。然後，他用這一千多家小b的議價能力，直接找到了製造商（M），進行大規模採購，而且是一次性付款。製造商當然很高興。但是，名創優品希望製造商在同品質的情況下，將常規出廠價降低一半。製造商想了想，還是答應了。因為他們最在乎的不是毛利率，而是利潤絕對值。

然後，名創優品作為品牌商，再加價百分之八至十，作為品牌的運營費用，支持中後台的數據、倉庫、採購的運營。

為了完全去掉所有的通路，葉國富在全國建了七大倉庫，每一個工廠生產完成，直接把產品按照指定數目送到各地區倉庫，這些倉庫是名創優品和工廠的共享倉庫。根據每家店面的經營數據，中台的工作人員負責從七大倉庫裡調配貨物，送到每家店面。店面只加價百分之三十二到百分之三十八，這筆錢用於支付店面的租金、員工薪資和最後一段物流的成本。

現在我們來算筆帳，過去出廠價一元，零售價三元。現在出廠價降為〇．五元，加上百分之八至十的品牌費和百分之三十二到三十八的店面毛利，最後的零售價連一元都不到。

對於體積較小的產品，名創優品實現了從M到倉庫到小b的短路經濟。對於較大的產品，比如說行李箱，名創優品希望能「共享工廠」，將工廠作為倉庫，下單後，直接從工廠到店鋪，想盡一切辦法縮短中間環節，提高效率。

這就是名創優品的「短路經濟」，用M2b的模式，縮短S和B，在短短四年內，獲得了巨大的成功。

雖然葉國富本人希望代表線下零售，應對電商的挑戰，但是有一次碰面時，我對他說：你其實和電商一樣，是在用高效打低效。新零售並非線上和線下之爭，而是高效和低效之爭。葉國富的名創優品，就是一個典型的案例。

04 閑魚、瓜子二手車：C2C打開萬億二手市場

二手閒置交易，一直是商業世界中一塊巨大的蛋糕。在歐美國家，二手交易早已成為生活服務領域的必需。早在十九世紀末的法國，舊貨市場就已經存在，只不過那時的舊貨市場是窮人的天堂，貧民在垃圾堆裡挑挑揀揀，並就地隨手出售。在一八八六年，舊貨市場以固定位置集市的形式被保留下來。

美國也有跳蚤市場文化。分類資訊網站「Craiglist」上各種二手閒置物品的交易資訊，讓美國關於二手閒置交易的市場規模占社會零售總額的百分之〇．八。

而在中國，一切才剛剛開始。以分類資訊起家的「百姓網」、「58同城」的二手交易頻道是國內最早的二手社區，「孔夫子舊書網」是專賣舊書的電商平台，還有「豆瓣小組」零碎、沒有規則的交易形式等。

隨著國民購買力的提升，加上網購的火爆和消費升級的促進作用，二手交易變成一片愈來愈重要的戰場。「第一財經商業數據中心」的數據顯示，二〇一六年中國閒置市場規模保守估計已達四千億元。

不過，二手閒置物品雖受歡迎，但痛點很多。過去，把自家的閒置物品拿出來賣，要經過C2b2B2b2C的一個過程。（見圖4—4）

這個鏈條解釋起來就是，需要先找一個收舊貨（b）的人來收，他們通常都是騎著三輪車走街串巷到處跑的人；然後，他們會把這些收來的閒置物

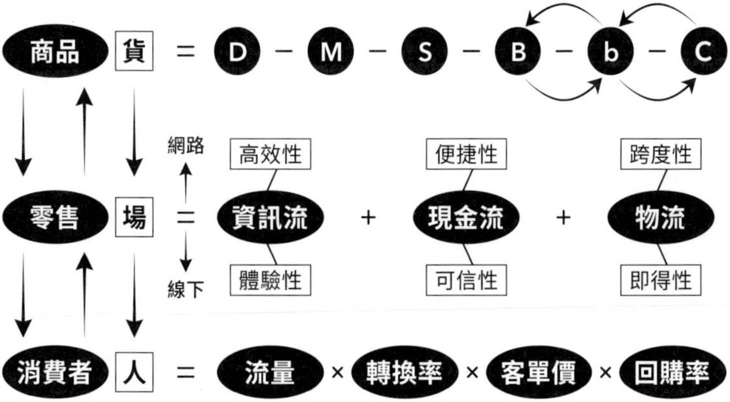

圖4-4

品集中到一個大廢品商或者說二手商手中（B）；二手商再分發給一些小商販（b）去賣，這個時候想購買它的人（C）才能把它買走。

這些商販和二手商通常魚龍混雜、定價缺乏依據，商品質量和售後服務也難以得到保證，制約了二手物品消費市場的發展。

二手交易市場可以用短路經濟的理念，把中間的B和b都短路掉，提升效率嗎？

於是，C2C就成為二手交易市場中理想的商業模式。（見圖4—5）

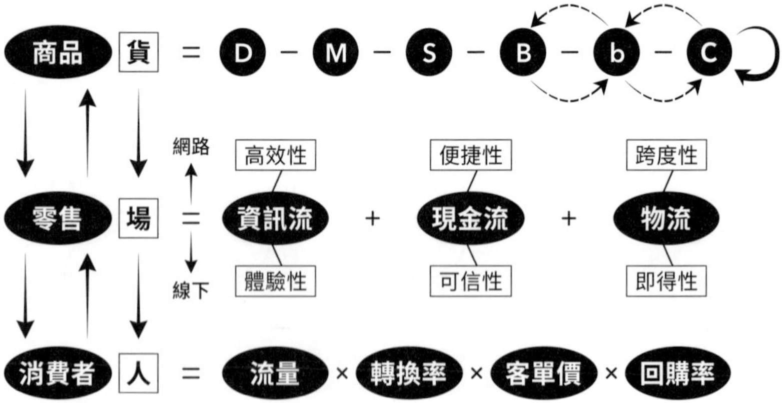

圖4-5

用「魚塘」構建C2C

二〇一四年六月二十九日，閑魚應用程式上線，它最早的雛形是淘寶的「跳蚤街」頻道。後來，跳蚤街又改名為「淘寶二手」。

現在，你想在閑魚上出售閒置物品，只需把它掛在閑魚平台上，盡可能地描述它的使用情況、型號等，然後報一個自己覺得合理的價格就可以了。如果有人要，你們可以約個時間，讓對方把東西取走。這就是C2C，去掉了所有的中間環節，效率大大提高。在這個價值鏈中，每個人既可以是供應方，又可以是需求方，通過行動上網技術實現去仲介化，供應方和需求方在行動網路平台上直接完成分享交易，不用再受中間商的層層「剝削」。

截至二〇一七年十一月，閑魚的用戶數超過兩億，活躍賣家超過一千六百萬，擁有四十五萬個遍布天南海北的「魚塘」，用戶活躍度達百分之四十一。目前，印度、日本、南非等地都出現了活躍的「魚塘」。

在閑魚上，男性用戶與女性用戶比例約為一比一。媽媽們在這裡交易更新換代速度很快的嬰兒產品，成為閑魚上最活躍的群體之一。喜歡嘗試新鮮事物的大學生、3C控也在閑魚圈地互娛。還有一些用戶在閑魚並不是以交易閒置物品為主，他們發掘了曬照片賣「單身狗」等玩法。用戶把閑魚當作社區來玩，過程中自然地沉澱交易。他們的交易、對話、娛樂都是基於閑魚應用程式產生的動作，使閑魚成為活躍度很高的行動社區，甚至成為一種流行文化。

在閑魚的拍賣頻道，每個月都有五千萬用戶在這裡尋找奇特的商品，王菲拍賣手抄《心經》、papi醬[8]拍賣廣告資源，司法拍賣也把閑魚作為重要的平台，在閑魚上甚至出現過波音七四七飛機這樣的拍品。

二〇一七年，閑魚最新的用戶報告顯示，其平台上十六到二十七歲用戶的比例為百分之五十五，這些年輕人在過去一年分享了一．六八億件閒置物品，平均每人賺三四五六元，相當於多賺了一個月或半個月工資。

現在，我們來思考一個問題。傳統C2b2B2b2C中間的B和b，在過

8　Papi醬：中國網路紅人。

去，就真的是剝削者嗎？他們就沒創造價值嗎？

他們當然有。在過去，大B和小b提供了兩個非常重要的價值：

一、資訊仲介的價值。我想買個東西，不知道誰想賣；我想賣個東西，不知道誰想買。所以小b不管有沒有買家，先從賣家手上收走二手商品，然後幫它找買家，提供了資訊仲介的價值。

二、信用仲介的價值。買家擔心，萬一買到有問題的商品怎麼辦？賣家擔心，萬一買家付款有問題怎麼辦？這是信任的問題。所以大B不斷經營自己的信用，讓賣家拿到錢，讓買家放心買，提供了信用仲介的價值。

所以說，每一件事情背後，都有其商業邏輯。仲介之所以能存在這麼久，當然不是沒有道理的。那麼閑魚能夠用網路，縮短實際上很有價值的大B和小b嗎？

首先，閑魚要解決資訊仲介的問題。這是網路的強項。在第二章講到，網路資訊流的特徵就是高效性。把想出售的商品或者想入手的寶貝發布在閑魚上，就能很好地解決資訊仲介的問題。

每一件閒置物品的價值獨一無二，用戶要做的是把其中的獨特之處展現出來。閑魚後台有特定的算法，用戶描述愈詳盡、愈有故事的閒置物品愈容易被系統抓取、展現。因此，逛閑魚與逛淘寶不同，用戶之間可以有大量的聊天、互動，甚至講故事。

除此之外，閑魚還同時具備會話功能，陌生用戶間可以發送消息溝通，不會受到電話騷擾。通過支付寶擔保交易，發貨可以選擇自取、快遞，順暢地完成整個交易過程。閒置物品一週內轉賣成功的機率也很高。

為了增強資訊仲介的職能，閑魚努力促成近距離的交易。這一點，在過去很難實現。

怎麼做?注入社交屬性。

閑魚以用戶的校園、辦公園區、住宅區為單位，根據人口密度做地理圍欄，建成本地化閒置交易社區——魚塘。

魚塘滲透力很強，只要有需求，就能活躍起來。媒體曾經報導過一個來自酒泉東風航天城衛星發射中心的魚塘。在那裡，數千名科技工作者及其家屬急需一個本地二手交易社區。過去，由於工作地點的保密性，傳統電商難以給他們送貨，航天城內交易閒置物品需求旺盛，而魚塘成為迎合需求的最好載體。為此，閑魚為他們建立了一個半徑超過十公里，以附近居民區為地標的魚塘。

隨著用戶在魚塘內活躍度的提升，傳統電商交易的需求被不斷挖掘。社區化讓閑魚在快速發展中建立起自己的城池，C2C的鏈條更短，效率更高。

當然，如果只是出售閒置物品，閑魚似乎與其他二手交易平台沒有太大差別。不同於其前身淘寶二手，閑魚主打的是「閒置物品交易社區」，社交的意圖顯而易見。從「第一財經商業數據中心」發布的閑魚用戶數據來看，它的確在朝著社區化的方向發展，成為九〇後和千禧後新的社交工具。

閑魚上各種基於地理位置或興趣組建的魚塘，是年輕用戶最集中的地方，其中超過百分之四十的塘主為九〇後。這些年輕的用戶在出售閒置物品之餘，也將其當作分享交流的社區，這一點在各類興趣魚塘中體現得較為明顯。比如，在寵物類魚塘，分享最多的主題是晒自家寵物和關於寵物健康狀況的求助貼文。

為C2C注入社交屬性後，用戶的黏著度和活躍度都得到極大提升。閑魚上流通量最大的閒置物品品類是3C（電腦、手機、消費類電子產品）、服飾、母嬰。隨著閒置物品交易量提升以及社交屬性被進一步激發，平台上還產生了大量的閑魚段子和故事。

作為資訊仲介，閑魚基於網路的C2C模式，有著天然的巨大優勢。那麼，作為信用仲介，閑魚也能勝任嗎？

通常來說，閒置物品交易在熟人之間都是有障礙的，因為熟人之間談到錢、交易很傷感情，更不用說缺乏基本信任的陌生人，怎麼辦？

首先，閑魚用戶必須經過實人認證（掃描臉部特徵），買賣東西則必須有支付寶。這相當於社區的身分證和入門卡。

然後，在閑魚的「信用速賣」功能中，用戶只要芝麻信用超過六百分，就能享受「先收錢，後賣手機」的待遇。芝麻信用的介入，讓閑魚的信用度陡增。

此外，閑魚通過阿里巴巴的大數據、芝麻信用體系、淘寶用戶等級以及新浪微博等社交媒體資訊，形成一套新的信用評判體系，構建了閑魚的「半熟關係」，增加了交易的可能性。

所以，信用這項虛擬資產，在這個虛擬的時空中，其價值被充分地放大了。通過運用更高效率的新科技，解決資訊仲介和信用仲介兩個問題後，閑魚短路了傳統二手交易C2b2B2b2C中的B和b，形成了C2C的短路商業模式。

閑魚上線三年後，在其二〇一七年戰略發布會上，阿里巴巴集團閑魚總經理諶偉業稱，閑魚要成為繼淘寶、天貓之後，阿里巴巴正在催生的第三個萬億級平台。

二手車市場的「終極模式」

C2C短路經濟模式，有沒有可能用在大額二手交易中呢？比如二手車。

沒有地域限制、服務網絡廣、減少中間環節、買賣雙方直接交易、資訊公開可查、透明度高，C2C會是二手車市場的終極模式。這就是「瓜子二手車」執行長楊浩湧和「人人車」執行長李健的共同信仰。

長期以來，二手車交易是個混亂的市場。與交易閒置物品類似，過去二手車交易也是一些小商販來收車，再賣給較大的二手車經銷商，經過統一處理，再分給小店把它賣掉。這就是C2b2B2b2C的傳統模式。一輛車從原車主到達最終購車者，中間經歷三、四手的倒賣也屬正常，毫不奇怪。

但是，二手車的情況很複雜，可以說是一車一況，一車一價，交易流程中的檢測、貸款、維修等環節均存在資訊不對稱，且無統一標準。傳統的大B和小b的機構信用，就顯得非常重要。

所以，這些信仰C2C的二手車交易平台，解決資訊仲介的問題不足為奇，但是它們也能解決信用仲介的問題嗎？

二〇一五年九月十五日，「趕集網」創始人、「58趕集」聯席執行長楊浩湧宣布「趕集好車」更名為「瓜子二手車直賣網」。楊浩湧解釋說，大家想到瓜子時，狀態就會很放鬆，一邊嗑瓜子一邊聊天，瓜子二手車要讓二手車交易像嗑瓜子一樣簡單、放鬆、信任、直接、開心。因為毫不避諱地主張消滅中間商，實現個人買主和個人賣家兩端的順暢交易，瓜子二手車被媒體稱作二手車電商C2C模式的鼻祖。

那麼瓜子二手車是怎麼解決信用問題的？瓜子二手車的C2C模式，雖然不賺「暗地」的差價，但是賺「明面」的佣金。個人賣家和買家通過平台完成交易，瓜子二手車收取百分之四的佣金。然後，由平台提供車輛檢測和信用擔保。楊浩湧曾經這樣表述瓜子二手車想做的事：

你想賣車，瓜子二手車上門給你操作，你什麼也不用管。你要買車，瓜子二手車帶著你去看，你只需要決定是否購買，後面一切煩瑣的事務都由瓜子二手車來做，包括後續服務。如果你現在錢不夠，瓜子二手車平台給你提供貸款。你買了車之後不知道怎麼維修保養，瓜子二手車幫你解決……這就是我希望打造的鏈條和服務體系。

所以，瓜子二手車是用平台的服務進行車輛檢測，用平台的信用進行信用擔保。你不用相信賣家，他也不用相信買家。你們信不信我？信我的話，我告訴你，我檢測過，車沒問題，可以買，我不會騙你的。

隨著瓜子平台信用的不斷建立，買家和賣家交易的擔心會愈來愈少。如果有一天，大家能像相信「京東無假貨」一樣，相信「瓜子不騙人」，它的模式就離成功不遠了。

現在，鏈條的兩端都已經嘗到了甜頭。瓜子二手車官方表示，瓜子平台為買家節約了至少百分之五至七的費用，使賣方多獲得百分之十左右的收益。

這就是短路B和b的C2C短路經濟模式。

05 天貓小店：S2b賦能傳統雜貨店

二〇一七年五月二十六日，阿里巴巴總參謀長、湖畔大學教授曾鳴在「天貓智慧供應鏈開放日」的論壇上發表了一次演講。在這次演講中，曾鳴提出了S2b的概念（見下頁圖4—6），這是對新零售、新商業未來的創新思考。

到底什麼是S2b？

按照曾鳴的解釋，S指大的供應鏈平台，會大幅度提升供應端效率；b指一個大平台對應萬級、十萬級甚至更高萬級的小b，讓它們完成針對客戶的服務。

小b是生長在供應平台上的物種，它有可能是一家雜貨店，有可能是一位網紅，也有可能是一位設計師，S這個大平台要保證質量和流程的高效，但最重要的是讓小b自主地發揮它們最能觸達客戶的能力，把人的創造性和系統網絡的創造性有機地結合在一起。

大平台S不承諾給小b提供流量，不承諾保證小b的生存，但會提供後台支持。小b要自己去找流量，甚至對於起步的平台S來說，要找到自帶流量的小b。實際上，任何小b在不同的網路平台上都有自己的小網絡、小圈子，它們可以利用自己的網路工具影響一批人。怎樣讓這些小b充分利用自帶的流量，充分發揮自主能力，形成一種新的驅動力，這是未來非常有趣的一件事。

曾鳴說，未來的一切都是服務，產品只是服務實現的一個中間環節，

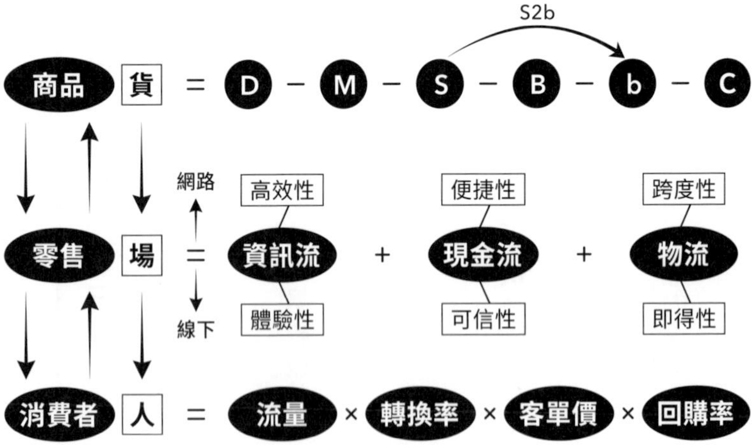

圖4-6

S和b之間既不是買賣關係，也不是傳統的加盟關係，而應該是賦能關係，這個模式將是未來五年最值得大家努力的戰略方向。

在演講中，曾鳴提到了一些S2b的雛形。比如，杭州傳統的批發市場「四季青」完成了一次升級——批發商店與零售和生產之間的升級。整個四季青變成了一個草根版的時尚發布平台，其前端的小b就是大大小小的網紅，其中大部分小網紅並沒有設計和生產能力，他們依賴類似四季青這樣的供給平台基於商品方面的需求。網紅要做的就是跟客戶實時互動，挖掘需求，甚至通過商品的預告發布來讓客戶參與產品的設計。網紅推動品牌在線化，四季青幫助網紅實現後台的平台化，這兩股力量會進一步向整個生態圈滲透。

那麼，到底曾鳴說的S2b，在現實生活中，有沒有真實的應用呢？

給雜貨店配備「現代化武器」

其實，在第二章重點講述的天貓小店就是S2b這種商業模式的完整案例。

現在，我們用S2b的邏輯，重新理解一下天貓小店。

在天貓小店的案例中，S是天貓搭建的零售通平台，小b是散落在全國各地無數住宅區裡的傳統雜貨店。因為S的存在，小b再也不用去批發市場進貨了，S2b短路了中間的層層通路。

在S2b模式中，小b被S賦能，提高了效率；而S也從這些小b中，蒐集了大量的流量。這些線下流量和線上流量未必重合。比如，在線上買東西的可能是年輕人，而在線下買東西的可能是老年人。

除了用S2b的短路經濟幫助天貓小店提高經營效率外，阿里巴巴也在用一些黑科技[9]，幫助小店提高銷售業績。

二〇一八年的春節和情人節撞期，在情人節前夕，杭州西溪路四一八號的天貓小店裡多了一臺小機器，兩張臉湊上去，就能檢測出夫妻相似指數。相似指數高，還能打折，愈高折扣愈大。

9 黑科技：出自日本輕小說《驚爆危機！》的詞彙，原本用來形容非人類自主研發，凌駕人類現有知識的，現則引申為先進的科技、產品、技術等。

阿里巴巴零售通方面表示，這是阿里巴巴「達摩院」機器智慧技術實驗室推出的「夫妻相」打折活動。活動背後應用到兩項技術：一比一人臉識別和笑容人臉屬性檢測。

消費者只需要和同行的家人、朋友拍張照，人工智慧就可以綜合兩張面孔的相似度、開心程度（微笑燦爛程度）評出「夫妻相」指數，不同分數可以換取不同的獎勵。相似度九十分以上，可以得到八十八元抵用券；相似度零分，也能拿到五元抵用券，作為安慰獎。

據說，已經有不少消費者前去考驗夫妻感情了。阿里巴巴相關負責人表示，工程師們用餘力開發這樣一款小工具只是讓大家樂一樂。但對於全國六百多萬家零售小店來說，阿里巴巴達摩院的黑科技最終都會為它們賦能，讓街頭巷尾的雜貨店有機會升級為智慧小店。

通過S對b的不斷賦能，那些小賣部有機會從曾經的「小米＋步槍」時代，直接過渡到「現代化武器」武裝的新時代，從而提高效率。

零售業之外，超多小b等待賦能

其實，S2b這一商業模式的應用範圍很廣，不僅是零售行業，在其他存在大量小b，且小b缺失資訊化、數據化、網絡化能力的行業都可以應用。

比如，手機維修行業中大部分企業都是小店模式，大多城市都有一個類似於手機維修一條街這種小店聚集的地方。傳統的手機維修零件分銷層級和大多零售品一樣，零件出廠後，經過總代理、各區代理和分銷商，再進入維修小店。

怎麼辦？

一個名為「好維修」的手機維修小店服務平台，用平台作為S，向維修小店這種小b提供服務，短路掉中間的各級代理。這就是手機維修領域的S2b短路經濟模式。據計算，通過好維修平台的S2b模式直接進貨，小店端平均可以增加百分之十左右的毛利。

目前，好維修主要推廣的市場為三、四線城市。數據顯示，中國的兩千八百多個縣城、地級市中，每個地域都有五十至一百個維修點，每個點一年的維修流水大概在二十萬元左右。由此算來，中國三、四線城市的手機維修市場能達到千億元級規模。如果好維修能服務好這麼多小b，從千億元級市場分取一塊蛋糕還是很有可能的。

自從曾鳴提出S2b這一新模式後，不少企業都在探索這一模式。某在線旅游平台試圖打造旅游S2b平台模式，幫助中小旅行社進入新零售時代。

目前，旅遊行業的態勢是在線旅行社（OTA）價格戰打了很多年，但線下仍然是主流市場，且線上獲客成本很高，甚至超過了線下。二〇一六年開始，在線旅行社紛紛把目光投向線下，與此同時，很多線下的大型旅行社開始探索線上模式，試圖實現線上、線下全通路銷售。

但對中小旅行社來說，想實現線上、線下的融合，成本極高。於是，旅游行業內就會出現S2b商業模式：一個大供應鏈平台（S），集成和協同鏈條上的各個環節，為中小旅行社（b）提供產品、技術服務。中小旅行社（b）蒐集流量，供應鏈平台（S）保證產品質量，短路掉曾經繞不過去的中間環節，讓旅遊產品可以在最短的時間內，通過中小旅行社送達消費者手中。

06

海爾、必要、紅領：鏈條反向模式走高質低價路線

短路經濟有兩種形態：環節短路和鏈條反向。前面分享了很多環節短路的案例，比如好市多的M2B，名創優品的M2b，閑魚和瓜子二手車的C2C，天貓小店的S2b。現在，我們來看一下短路經濟的另一種形態：鏈條反向。（見左頁圖4—7）

什麼是鏈條反向？

鏈條，指的就是商品供應鏈D—M—S—B—b—C，從左往右，是傳統商業的正常流向，是正向的企業設計、生產、銷售。

站在企業的角度想，這個方向太正常了。企業決定生產時，並不知道每一件具體的商品賣給誰。雖然也會做一些市場調查，但畢竟是預估，不一定準確，怎

麼辦？企業會先生產出來，然後用利潤「聘請」整個商品供應鏈幫忙找到消費者，把產品賣給他們。

所以，在這個從左到右的商品供應鏈，零售被稱為末端。

但是，把零售當成末端的商品供應鏈，給商業界帶來一個頑疾，那就是庫存。商品供應鏈裡的庫存問題，甚至有一個專門的名字：長鞭效應。

什麼是長鞭效應？

每年過年，大家都會買年貨。零售商平常每月能賣一千套，估計春節期間能賣一千五百套，也有可

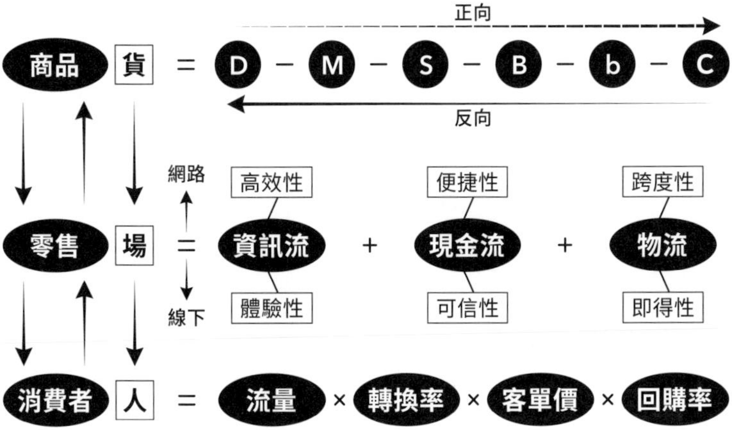

圖4-7

能賣兩千套。那進貨時，到底是訂一千套、一千五百套，還是兩千套呢？訂兩千套吧，萬一不夠呢？零售商又加了百分之五十的冗餘。

所有零售商把訂貨數報給市級代理。市級代理一看，總訂量是二十萬套，那就向省級代理訂二十萬套嗎？萬一不夠呢？加點冗餘，訂三十萬套吧。省級代理統計數字，一共有兩百萬套需求，同理也加了冗餘，向總代理訂了三百萬套。總代理收到全國兩千萬套需求，向工廠訂了三千萬套。最後，工廠生產了四千萬套。

最後賣出去多少呢？可能只賣出去一千萬套。

這就是長鞭效應。從零售商層層反饋到製造商的生產數據，被不斷放大，愈來愈失真，像甩動的長鞭一樣。而長鞭效應的代價，就是整個商品供應鏈中積壓的庫存。

雖然商業世界想了無數的方法，庫存問題也已經有了不少優化，但是它依然是正向商品供應鏈的頑疾。

怎麼辦呢？

如果把商品供應鏈反過來呢？零售不再是鏈條的末端，而變成開頭呢？如果能拿著有名有姓的真實需求，反向往上求，按需生產，不就沒有庫存了嗎？

於是C2B模式、C2M模式，應運而生。

C2B：海爾的無燈工廠

理解C2B之前，需要先了解什麼是B2C。

B2C是指商家直接面向消費者銷售產品和服務，是商品供應鏈中最常見、最基本的商業模式。把這一模式放到線下，就是大家熟悉的超市、商場、購物中心；把這一模式放在線上，就是常說的網路商店，比如噹噹、京東、天貓等。

如果把C和B調換位置，變成C2B呢？這就發生了本質的改變。

二〇一二年，阿里巴巴提出C2B模式，即企業按消費者的需求提供個性化產品和服務。該模式被認為是對傳統工業時代B2C模式的根本性顛覆，是新商業創新最重要的工作。（見下頁圖4—8）

二〇一三年，海爾和天猫合作，在雙十一推出了C2B訂製冰箱。消費者（C）可以在海爾天猫旗艦店上按需選擇容積大小、調溫方式、門體材質、外觀圖案等。海爾柔性化的生產鏈，可以同時滿足超過五百個型號的產品訂製服務，解決消費者個性訂製需求。二〇一五年，海爾還拿下了《大英雄天團》（*Big Hero 6*）、《冰雪奇緣》（*Frozen*）等迪士尼公司出品的動漫形象使用權，進一步滿足外觀圖案的個性化需求。

消費者選擇並訂製後，在天猫

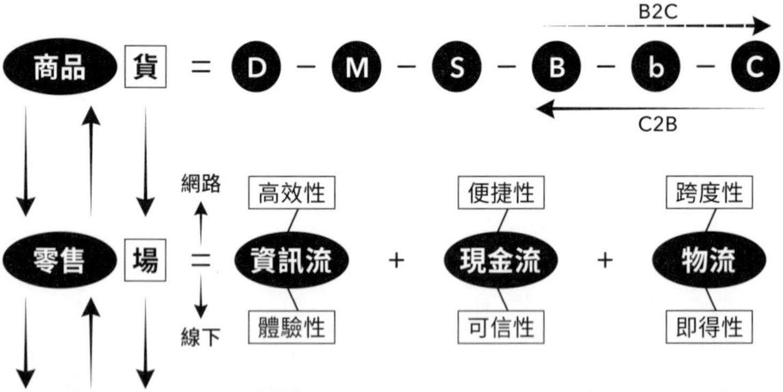

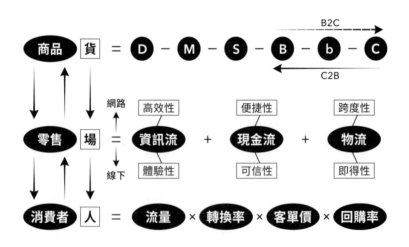

圖4-8

旗艦店（B）下單，然後海爾的工廠開始按照消費者的訂製要求，按單生產。

作為海爾集團的戰略顧問，我請海爾集團戰略部安排，專門參觀過這個訂製工廠，也就是海爾著名的「無燈工廠」。什麼叫無燈工廠？因為沒有人，所以不需要開燈。整個工廠裡，幾乎全是機器人。

海爾先對冰箱、洗衣機等電器做了模塊化設計。比如，洗衣機有二十五個模塊。要不要帶烘乾功能？這是一個模塊。操作面板是機械面板還是電腦面板？這又是一個模塊。

然後，消費者對這些模塊的選擇和訂製，被派發到生產線，機器人按照訂單，在同一條流水線上，生產不同的冰箱。這就是柔性生產。

我在中國的海爾和德國的寶馬（BMW），都參觀過柔性生產，同一條生產線上，出現的每一臺冰箱、每一輛汽車，都不一樣，十分震撼。

參觀完，我相信確實不用開燈，因為都是機器人。機器人幹活，不需要燈。海爾的C2B模式，徹底消滅了成品庫存。除此之外，還解決了什麼問題呢？

海爾在盤點這次C2B嘗試時，公布過一組數字：

集中批量採購成本下降百分之十，提前整合行銷成本下降百分之十，降低倉儲占用成本下降百分之七，集中幹線物流成本下降百分之五，加快資金周轉成本下降百分之四，降低庫存風險成本下降百分之七，最高可將成本降低百分之四十三。

可降低的商品成本超過百分之四十，意味著用C2B模式，消費者可以買到完全為自己訂製的產品，而且更便宜。

二〇一六年，一位用戶發了一條微博：

@海爾 你們可以出一款外觀像宮殿一樣的迷你冰箱，宮牌打上冷宮！絕對棒得沒話說……

七天之後，海爾把這臺「冷宮」冰箱送到這位用戶家中。

反向>訂製：必要商城

海爾的C2B模式，做得非常成功。而「必要商城」的創始人畢勝，對反向訂製模式的看法卻非常不同。他說：

> 反向訂製的本質，是反向，不是訂製。

畢勝是百度早期的創始員工之一，曾出任百度的市場總監和總裁助理。二〇〇五年，百度上市後他急流勇退，賦閒三年後，再度出山創辦鞋類電商「樂淘網」。當時，畢勝並沒有做電商的經驗，在樂淘網交了幾個億的學費。二〇一三年，他出售樂淘網，創辦必要商城。必要商城是一個被稱C2M（見下頁圖4－9）的反向訂製平台，消費者先按照自己的尺碼和喜好下單，然後工廠再生產。

到底什麼是C2M？就是一端連著消費者，另一端連著製造商，不但反向，還短路掉b、B、S等一切不必要的環節，砍掉所有不必要的成本，用高質低價吸引消費者，用零庫存吸引頂級製造商。

二〇一五年，必要商城剛上線沒多久，我和畢勝進行過一次深度訪談。當時，我還專門在必要商城訂製了一雙號稱是由「博柏利（Burberry）中國代工廠按照給博柏利代工的品質生產的皮鞋」。我選了自己喜歡的鞋面顏色、鞋底和鞋帶，下單大約二十天後，鞋子寄到了。我不確定博柏利是否真的會如畢勝所說，把這種品質的皮鞋賣到

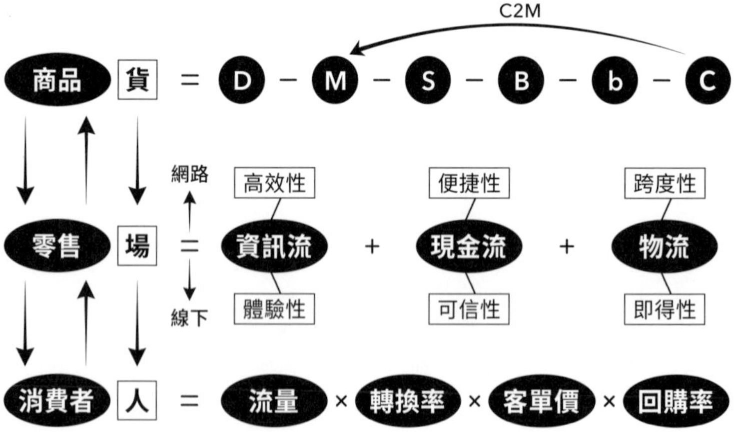

圖4-6

五千元，但我的試穿感受是，這種品質的皮鞋只賣三百九十九元，確實大大物超所值。

為什麼畢勝說，這是「反向Ｖ訂製」呢？因為真正解決庫存這個頑疾的，不是訂製，是反向。在畢勝看來，Ｃ２Ｍ是解決庫存難題的終極答案。Ｃ２Ｍ模式是按需生產，沒有庫銷比，先有訂單再生產，最大限度地解決庫存問題。

我問畢勝，Ｃ２Ｍ一定是最佳良方嗎？其他策略不行嗎？比如爆品策略：在一個品類裡全力以赴做好一兩款產品，一經推出就火爆熱銷，這樣自然也沒有庫存壓力。

畢勝認為，爆品策略並不能徹底解決庫存問題。因為人的預測能力有限，生產完之後沒火爆的可能性始終存在，到那時為應對火爆熱銷而大量生產的備貨就成了大麻煩。爆品策略的難點在於如何保證每次都預測正確。

Ｃ２Ｍ雖然盡可能地減少了中間環節，但對製造商會不會造成壓力？畢竟，工廠的原材料總要備庫存，比如與必要合作的鞋廠總得事先購買皮革和鞋底等原材料。畢勝認為，Ｃ２Ｍ的原材料庫存不會對製造商造成壓力，因為原材料本身是保值的，有時還會增值。比如從非洲購買的原材料，一旦非洲出口量減少，還能增值。但原材料一旦做成產品，成為積壓的庫存後，就會大幅度貶值。

海爾是從製造商進入零售，必要商城是從零售商倒逼商品供應鏈。這兩家公司的基本邏輯完全一樣，用鏈條反轉的短路經濟模式，消滅庫存，提升商業效率。

未來，中國製造的趨勢是：低質高價和低質低價的商品存活空間將會愈來愈小，甚至被逐步淘汰；高質低價的零售業，將會迎來它的時代，而C2M模式是實現高質低價的一個有效手段。

C2M：紅領十五年的試驗

C2M模式，把零售當成起點，而不再是末端。

商業界還有一位大老極為推崇C2M模式，他就是復星集團董事長郭廣昌。圍繞C2M，復星投資了三家有代表性的企業：構家、陽光印網、紅領。

構家是網路整體家庭裝潢開創者之一。關於構家的C2M模式，構家創始人顏傳贊曾介紹說，構家的室內設計資訊化系統除了「一鍵構家」功能之外，更重要的是，系統可以直接導出圖紙對接到工廠生產端，快速響應C端用戶的需求，將用戶數據連通工廠生產端，用戶需求前置，最終實現C2M。

陽光印網同樣如此，旨在通過C2M模式對印刷行業進行網路化改造，連接線下印刷工廠和客戶，打造企業採購平台。二〇一六年六月，陽光印網獲得三．五億元人民幣C輪融資，由復星集團領投，軟銀跟投。

最後，來說說大名鼎鼎的紅領集團。

紅領集團是一家做男裝起家的傳統服裝企業。二〇〇三年之前，紅領和大多數中國的服裝廠一樣，以代工為生，自主品牌的成衣僅在它的所在地青島有一定影響力。

海爾的冰箱、洗衣機雖然也有庫存，但服裝業的庫存和家電製造業完全不是一個概念，要可怕得多，因為服裝業品類深度要深得多。

什麼叫品類深度？

消費者去買一件襯衫，挑了三十九號領口的尺碼，但三十八號的生產商要做吧，四十號的也要做吧，甚至從三十六到四十四號，一件都不能少。如果消費者買的是深灰色的襯衫，那麼，深藍色要不要做？淺藍色呢？紅色呢？流行色一件都不能少。

所以，同一款設計的襯衫，服裝這個品類的深度，比冰箱、洗衣機要深得多。因為人的身材、喜好千變萬化，無法標準化。服裝業的庫存問題，是整個零售業的頑疾。

紅領集團的總裁張蘊藍曾經對我說，對很多服裝品牌來說，每銷售一件衣服，大概會產生三件庫存。所以可以說，你買一件衣服，等於付了四件衣服的錢，只不過另外三件沒有給你而已。那另外三件去了哪裡呢？另外三件庫存，催生了服裝業特有的一種商業模式——暢貨中心（Outlet）和「唯品會」等專門為鞋子、服裝行業消庫存的商業模式。由此，可以看到鞋子、服裝行業的庫存已經到了非常嚴重的地步。

怎麼辦呢？從二〇〇三年開始，紅領開始了一場耗時十五年的試驗：用不一樣的思路解決庫存和競爭問題，這個思路就是C2M。

C2M的第一步是準確蒐集消費者（C）的需求。

二〇〇三年，紅領的訂製業務從紐約起步。紅領在此有很多合作夥伴，他們用紅領旗下的品牌或自己開發的品牌開店。這些店的首要任務就是搞清楚顧客的西服訂製需求。他們在店裡給顧客量體型，會採集十九個部位的二十一個數據。據說這些數據不僅會給出尺寸，還能判斷形體，比如是否駝背。

採集了身材數據，這些零售店就要和消費者一起討論「喜好數據」。他們與顧客一起選擇：這件衣服應該配什麼樣的釦子，領口是否應該斜一點……紅領給消費者提供非常豐富的選擇，扣子、布料、花型、刺繡都有很多種，顧客可以根據店裡的原料或成衣來挑選。

最後，北美的合作夥伴把消費者（C）的身材數據和喜好數據發給紅領在青島的工廠（M）。從C到M，紅領拿到數據後，會有一輪審核，看這套西服這麼搭配合不合理，然後開始安排生產。

我專門在紅領訂製了一套西裝，也請張蘊藍帶我去生產線參觀了一遍。

首先，我看到一臺巨大的機器，在我選的那塊布上面切下去。這塊布，就被切成了布片。這個過程叫作製版。

製版這件事，過去都是由老師傅來做，一套高級西裝的製版費，就是幾萬元。一個頂級的製版師，一年收入幾百萬。

但是，在紅領，這樣一刀下去就解決了。

我問張蘊藍，這行嗎？

她說，這項能力的核心是把經驗數據化。根據十幾年的服裝訂製經驗，紅領把人體三維數據與布片二維數據對應起來，技術團隊經過四次嘗試才建立起匹配算法，變成數據庫，並且不斷添加、優化。到二〇一六年底，紅領數據庫中的標準版型已達四十萬套，衍生版型（比如一粒釦子變化即可視作一次衍生）多達百兆套。現在，這個數字還在不斷增加。

我注意到，每一塊主料上，都被訂上射頻識別技術[10]物聯網芯片，然後掛在

10 無線射頻識別（Radio Frequency Identification，RFID）：是一種新興的辨識技術，透過無線電波辨識特定目標，將數據從附著在物品上的標籤傳送出去，如悠遊卡、防盜系統皆以此為原理設計。

桿子上，開始走流水線。

當流水線走到某個女工面前時，她用這上面的無線射頻識別物聯網芯片，「嘀」地碰了一下縫紉機上的小電腦。這個小電腦有個六吋大小的螢幕，螢幕上會出現這件衣服應該縫幾顆扣子，單色還是多色。有些螢幕會顯示凸肚體或蝴蝶袖，這意味著她要依靠經驗和手感，把收口處留大些，並使袖子適度靠後，以保證這件衣服的主人不會覺得腋下緊繃。每個工人只需要做好自己環節的一小件事，整套系統就跟富士康工廠的流水線一樣。

我看到女工要做這麼複雜的工作，又有了疑問。

我參觀過一些別的西裝工廠。在那些工廠，西裝製作流程被精細化分解，每個女工一整天只需要做一個動作，縫紉機上只有一卷線，也不需要換線。那樣效率多高。而紅領的工人現在面對七到八卷線，那麼多扣子，還要看螢幕，效率不是降低了嗎？

張蘊藍說，這樣做，女工的效率確實降低了，體現到成本上，紅領集團訂製業務的成本是過去成衣製造的一．一倍，但是我們的淨利潤率卻遠遠高於傳統成衣行業。以巔峰時期的「美特斯邦威」為例，二〇一一年，其淨利潤率為百分之十二，而現在，美邦淨利潤率為負數，我們淨利潤在百分之二十以上，甚至能達到百分之三十，為什麼？因為我們徹底消滅了庫存。

這就是C2M的優勢，通過反向訂製，取消了中間環節，做到零庫存。過去一件衣服價格裡有百分之五十是為庫存買單的。

最後，走完整條生產線，我們看到下線的每一件西裝，都完全不同。張蘊藍拿起一件西裝，對我說，你看每一件西裝，都能大概看出這個人的職業、喜好、習慣。每個人都應該有不一樣的西裝。

這個耗時十五年的C2M試驗，讓今天的紅領不但獲得了投資人的青睞，也在市場上紅得發紫。

和張蘊藍同讀湖畔大學的張寧，也是我十幾年的好朋友，最近在依托紅領的反向訂製能力提供的供應鏈平台（S）上，開創了一個獨立的男士品牌「半度先生」，成為品牌零售商（b）。半度先生（b）的設計能力、獲客能力，為紅領的供應鏈平台（S）帶來流量；紅領的供應鏈平台（S）又為半度先生（b）賦能。估計張蘊藍和張寧在湖畔大學聽過阿里巴巴首席參謀長曾鳴教授的課，現在又開始在S2b上發力。

除了用S2b模式支持萬千通路品牌，紅領還做了一個網路工業品牌「酷特」，幫助中國傳統製造業轉型升級。紅領之所以能獲得成功，工廠的柔性化生產能力是核心。二〇一六年年初，紅領開始向外輸出以訂製為核心的企業轉型升級解決方案。目前，與紅領簽約的各行業企業超過六十家，完成改造的有三家，包括一家牛仔褲工廠、一家化妝品企業、一家家具企業。隨著中國具備反向訂製能力的M愈來愈多，C將有愈來愈多的機會，縮短愈來愈多的中間環節，讓零售直達工廠。

第五章

未來已來

還記得我們在第一章提出的問題嗎？

到底什麼是新零售？

零售有新舊之分嗎？

真的有必要分嗎？

「給消費者提供最好的產品和服務」，這一零售的本質，難道不是從未變過嗎？

電商是新零售嗎？

連馬雲都投資了銀泰、大潤發、歐尚，零售難道不是在喧囂之後，開始回歸本質了嗎？

無人超市不是開始關門了嗎？

無人貨架不是開始倒閉了嗎?所以——

到底什麼是新零售?現在,這些問題你有自己的回答了嗎?我想在最後,把答案毫不遮掩、清楚鮮明地總結為四點:

一、零售的本質,是連接「人」與「貨」的「場」;

二、「場」,是資訊流、現金流和物流的萬千組合;

三、「人」,會通過「流量×轉換率×客單價×回購率」的層層過濾,接觸「貨」;

四、「貨」,要經歷D—M—S—B—b—C的千山萬水,抵達「人」。

怎樣才能提高零售的效率呢?答案有三點:

一、用「數據賦能」,優化資訊流、現金流、物流的組合;

二、用「坪效革命」,提升流量、轉換率、客單價、回購率的效率;

三、用「短路經濟」,縮短D—M—S—B—b—C的路徑。

到底有沒有新零售？當然有。

新零售，就是更高效率的零售。（見左圖5—1）

理解了新零售的總體框架和演進邏輯，在本書最後一章，我們來談兩個話題。

第一，思維模式。

為什麼總是有人要等到無路可退，才願意接受時代已經變化的現實？而為什麼總是有人能抓住時代賦予的機遇，實現跨越式發展？要用什麼樣的思維模式，面對新技術、新工具所推動的商業模式變革，比如新零售、新製造、新金融等，始終先人半步？

第二，未來趨勢。

商業邏輯不僅是用來總結過去的，其更重要的作用是通過總結過去、驗證規律，來判斷未來。到目前為止，本書討論的都是已經發生的變化。未來，新零售還會出現哪些變化和機遇？

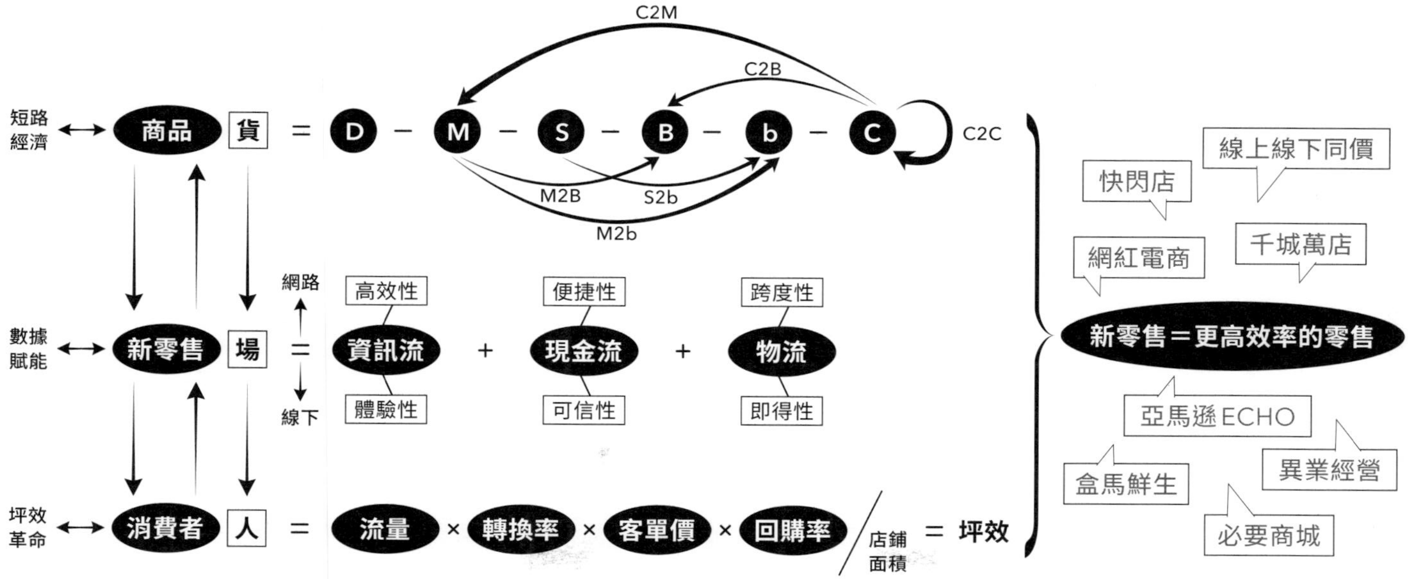
短路經濟
商品
貨
D
M
S
B
b
C
C2M
C2B
C2C
M2B
S2b
M2b
數據賦能
新零售
場
網路
線下
高效性
資訊流
體驗性
便捷性
現金流
可信性
跨度性
物流
即得性
坪效革命
消費者
人
流量 × 轉換率 × 客單價 × 回購率 / 店鋪面積 = 坪效
新零售＝更高效率的零售
快閃店
線上線下同價
網紅電商
千城萬店
亞馬遜 ECHO
異業經營
盒馬鮮生
必要商城

圖 5-1

01 變革時代的思維模式

沒有哪種思維模式，必然先進於其他模式。

對「後果可接受度高」的產品，比如網路產品，改個按鈕位置、換個背景音樂等，可以「小步快跑，快速迭代」；對「後果可接受度低」的產品，比如建設核電站、發射火箭，就要「一次性把事情做對」。有時候，你要「讓聽得見炮火的人指揮戰爭」；有時候，你要「砍掉基層的腦袋、中層的屁股、高層的手腳」。張小龍說，要警惕關鍵績效指標（Key Performance Indicators, KPI）；而馬雲在湖畔大學的第一課，就是講關鍵績效指標的重要性。

每一種思維模式，都有其對應的適用場景；反之，每一種場景，也必然有與其相應的思維模式。

穩定時代，大者恆大，強者恆強。二十世紀的最後十年，個人電腦（PC）的穩定時代，人們無法想像如何超越微軟（Microsoft）；二十一世紀的前十年，網路的穩定時代，人們無法想像如何超越谷歌（Google）。

那麼，在變革時代又如何呢？

隨著科技的發展、時代的進步，在變革時代，大公司總是被小公司打敗，然後小公司成長為大公司。

穩定時代，是大公司收割的時代；變革時代，是小公司翻身的時代。

在變革時代，比如新零售的到來，有哪些思維模式能夠幫助小公司翻身、大公司警醒？我認為，至少有三種。

進化思維：日心說不是本質，地心說更不是

二〇一七年，我受吳曉波邀請，參加以新零售為主題的千人大課，並做了演講——這是我第四次在他的千人大課做演講。而那次大課被吳曉波評為「最沒有

共識」的一次：有人認為新零售是這樣，有人認為新零售是那樣，有人認為根本就沒有新零售。

之後不久，我又參加了領教工坊組織的，也是以新零售為主題的論壇：新零售，是顛覆式創新，還是回歸本質。嘉賓們同樣各抒己見，難有共識。

面對關於到底什麼是新零售、有沒有新零售的爭議，我在發言時，帶大家簡單回顧了一下哥白尼（Nicolaus Copernicus）的故事。

最初，人類相信大地是平的。現存史料證實，從古典時代的希臘（公元前五世紀至公元前四世紀），到鐵器時代的近東，再到印度的笈多王朝（公元四世紀至六世紀）和北美的原住民，以及十七世紀之前的中國，許多古代民族對天地的理解基本一致。如果你問那時候的人，天地的本質是什麼？他們會說：

天空猶如一個大碗，倒扣在平坦的地面上。

你也許覺得他們愚昧，但是，人類的祖先僅憑雙眼和感覺，推斷腳下的土地是一個平面，在那個沒有飛機、衛星相助的時代，得出這樣的結論並不意外。

後來，隨著宗教和科學的發展，人們發現大地不是平直的。從海面駛來一艘帆船，你會先看到桅杆，然後才是船身；如果大地是平的，應該同時看到。然後，人們用漫長的時間接受了托勒密（Claudius Ptolemy）的「地心說」。地心說可以預測日食、月食，也可以解釋一些天文現象，一直被視作正統思想。如果你問那時候的人，天地的本質是什麼？他們會說：

地球處於宇宙的中心，所有星體圍繞地球轉動。

地心說，就是那個時代天文學說裡的「新零售」。

當然，今天我們早已知道，地心說也不是天地的本質。波蘭天文學家哥白尼經過觀察和推導，認為地球不可能是宇宙的中心，否則很多天文現象無法解釋。他提出「日心說」，認為地球是圍繞太陽轉動的，他的不朽名著《天體運行論》（*De Revolutionibus Orbium Coelestium*）被認為是現代天文學的起點。

如果你問那時候的人，天地的本質是什麼？他們會說：

太陽才是宇宙的中心，地球也要圍繞太陽轉動。

日心說，就是那個時代天文學說裡的「新零售」。

你一定聽過不少歷史故事，知道當時的人們接受日心說有多難，一直宣揚哥白尼學說的偉大天文學家布魯諾（Giordano Bruno），甚至為此被燒死。

但是，時代的進步並沒有停止。後來人們認識到，太陽其實也不是宇宙的中心，它只是太陽系的中心；整個太陽系只是銀河系的一部分，而整個銀河系在宇宙中微小如一粒塵埃。

那麼，一個有趣的問題就來了：日心說不是本質，但因此可以說地心說是本質嗎？

當然不能。我們認識本質的道路，只會往前走，永遠不會回頭。太陽不是宇宙的中心，只能證明日心說是錯的，但不能證明地心說的正確性。

這就如同我們現在對待新零售的態度。曾經，線下零售就像地心說一樣，被當作零售的本質。後來，網路電商出現了，人們發現，線下零售原來只是零售的一種形態，並不是本質，甚至不是最有效率的一種形態。這時，很多人開始信仰像日心說一樣的網路電商。

同樣，網路電商遇到了發展的瓶頸，被證明也不是本質。很多傳統線下零售就像地心說擁護者一樣，歡欣鼓舞：你看，總算要「回歸本質」了吧。但是，網路電商遇到問題，並不能證明線下零售就是本質。

西爾斯是十九世紀的新零售，沃爾瑪是二十世紀的新零售。零售，它一定會繼續往前走。零售的本質在前面，永遠不在後面。

這就是「進化思維」。思維模式和生物體一樣，必須不斷進化。我們今天對新零售的理解，也一定會在某一天，顯得很「舊」；這本書的內容，有可能在十年後甚至五年後來看，也有明顯的時代侷限性。進化，必須一步一步往前走，從不停止。

加入時間軸，用俯視的眼光看待零售的變遷，就會發現：

這個世界上，只要有零售，就有新零售和更新的零售，但是永遠不會有最新的零售。進化，永不停止。

本質思維：老司機未必懂車

當我們大學畢業，進入一個行業時，這個行業是這樣；當我們退休，離開一個行業時，這個行業還是這樣。於是，我們會認為，這個行業以前如此，現在如此，未來如此，永遠如此。我們會把在這個行業裡如數家珍的「方法論」，當成「本質」。

什麼是「方法論」？什麼是「本質」？

舉個例子，我是個有十五年駕齡的老司機。我學開車的時候，教練教我離合、換擋、油門、煞車、轉向。一開始，確實不太容易掌握，但是隨著不斷練習，愈來愈熟練。今天，不管多難停的車位，我都能一次倒車入位。不管在中國還是美國，我開車都非常自如，游刃有餘。

那麼，開了十五年的車，甚至很擅長開車的我，可以說自己很懂車嗎？並不能。

有一次，我的車因為一個小故障在路上拋錨，我只好打電話求救。工程師來了之後，稍微擺弄一下就好了。我還很有求知欲地問，到底出了什麼問題？他解釋半天，我完全聽不懂，心想：算了，我會開車就行。

我懂的不是「車」，而是「開車」。

同樣道理，在一成不變的零售業裡做了十五年，就真的懂零售嗎？未必。

很多人懂的僅僅是如何按照固定的零售邏輯「開車」，即便再有經驗，他們懂的也不是零售這輛「車」。而在零售這輛「車」遇到故障的時候，即商業世界發生變革的時候，理解這輛「車」本身，就顯得極其重要，即所謂的「本質思維」。

什麼是「本質思維」？李書福剛進入汽車業時，業內人士都不看好。記者問他怎麼看待汽車，他說：

汽車，不就是四個輪子和兩排沙發嗎？

這句話引來無數業內人士的恥笑：這真是個無知的瘋子。

但是今天，應該沒有人敢輕視「吉利汽車」了。二〇一七年，吉利銷售汽車一百二十萬輛，增速超過百分之六十，淨利潤超過一百億元。吉利收購著名汽車品牌「沃爾沃」（VOLVO），更是讓很多業內人士閉口不言。

當李書福說話有分量時，我們再回顧他曾經說的那句瘋狂的話，難道不對嗎？汽車，不就是四個輪子和兩排沙發嗎？

四個輪子和兩排沙發，就是汽車的本質。從第一台汽車被發明到現在，不管科技如何進步，更安全、更舒適、更高科技，這個本質從來沒有變過。

在汽車行業從業久的人，開始把更好的音響當成本質，把更漂亮的噴漆當成本質，卻忘了真正的本質。

當然，還有很多人仍不認可李書福，那我們來看一看特斯拉的創始人伊隆·馬斯克。

北京時間二〇一八年二月七日凌晨四點四十五分，由伊隆·馬斯克的SpaceX公司研發的人類現役運力最強的火箭——獵鷹重型運載火箭（Falcon Heavy）成功發射，並完成了一級火箭的回收。這枚火箭攜帶著一輛櫻桃紅特斯拉跑車，跑車上坐著一位假人駕駛員，車上還放著大衛．鮑伊（David Bowie）的成名曲《太空怪談》（*Space Oddity*）。這輛特斯拉的目的地是火星軌道，如果一切順利，它會在宇宙中行駛十億年。

但是，這次發射的第一目的，並不是炫車，而是測試「火箭回收」。發射火箭的目的是什麼？把衛星送上天。所以，火箭的本質是什麼？火箭的本質，是一輛「計程車」，把客人送到目的地。哪有送一次客人，就燒掉一輛計程車的？既然是計程車，必須重複使用。因此，我要回收火箭，洗洗下次再用。

馬斯克的這個想法，也被業內人士恥笑：無知的「民科」，你懂什麼火箭。經過不斷地嘗試，失敗，再嘗試，再失敗，最終，SpaceX獲得成功。今天，當SpaceX在太空科技領域有發言權的時候，我們再回顧馬斯克瘋子似的戰略：

一、通過回收火箭的技術，把傳統商業衛星的交易結構「變買為租」；
二、把發射衛星的成本降到原來的十分之一；
三、用極低的成本碾壓全球火箭公司。

是啊，火箭，不就是一輛「計程車」嗎？

在一個行業從業過久的人，特別容易被方法論帶來的成功矇蔽雙眼，忘記什麼才是本質。

我是這麼對客戶笑的，我是這麼設計燈光的，我是這麼陳列貨品的，我是這麼和供應商談判的……這些打磨了幾十年的方法論，讓我在零售業獲得了巨大的成功。這些對不對？對。有沒有用？有用。但這些都不是本質，它們都是在資訊流、現金流、物流的一個特定組合下，取悅客戶、優化產品、提高效率的方法論。

那什麼才是本質？

零售的本質，是連接「人」與「貨」的「場」；而「場」的本質，是資訊流、現金流和物流的萬千組合。

在穩定時代，我們更需要學習行業方法論；在變革時代，我們更需要理解行業本質。

系統思維：商業模式，利益相關者的交易結構

我聽過對商業模式最好的定義，來自商業模式專家——北京大學教授魏煒。他說：

商業模式，就是利益相關者的交易結構。

什麼意思？舉個例子。在過去，如果想開一家餐廳，做辦公大樓午餐的生

意，怎麼做？

我會在離辦公大樓盡量近的地方租個店面，最好還是臨街的店面。為什麼？因為到了中午，辦公大樓的白領們下樓吃飯，午休時間有限，不可能走到很遠的地方。愈是離寫字樓近，愈是臨街的店面，生意就會愈好。

如果你問一家做得不錯的辦公大樓餐廳，做好生意最重要的訣竅是什麼？老闆幾乎肯定會說：

哪有什麼訣竅，唯有全心全意為顧客著想，做最好吃、性價比最高的飯菜。

「全心全意為顧客著想」，這就是顧客導向；「做最好吃、性價比最高的飯菜」，這就是產品導向。

他說得對嗎？當然對，但又不完全正確。因為他說這句話時，也許並不知道他正身處一個自己可能並不完全理解的商業模式裡。在這個商業模式中，辦公大樓餐廳與顧客的交易結構是：用租金買流量。

這還用說嗎?就算我不理解你說的這些沒用的術語,我的生意不也做得挺好的?你能說,你能做給我看?

在穩定時代,我會閉嘴,不再說話,好好吃飯,吃完飯祝老闆生意興隆,然後付錢走人。但是在變革時代,這麼想就危險了。

今天,網路上出現一個網站叫「餓了麼」。就算沒用過餓了麼,你一定用過「美團外賣」或者「百度外賣」。這些外賣平台,讓辦公大樓裡的白領不再需要走出大樓,在辦公室就把午餐吃了。

這時,你再有顧客導向(全心全意為顧客著想),再有產品導向(做最好吃、性價比最高的飯菜),顧客也會愈來愈少。為什麼?因為辦公大樓午餐生意這個系統的交易結構變化了。

擁有系統思維,也就是能夠理解「利益相關者的交易結構」的人,這時候可能立刻會意識到,這是一個機會。既然愈來愈多的辦公大樓白領選擇在外賣平台上買午餐,那我就不需要把餐廳開在離辦公大樓盡量近,甚至是臨街的地方了。為什麼?因為現在不是顧客下來吃,而是我送上門。只要在大樓附近三公里之內，租一個盡量便宜的地方，就算是在一個很深的小巷子裡也沒關係。

在三公里內的深巷租個地方，當然比在三百公尺內租個黃金店面要便宜得多。這樣一來，同樣品質的菜品，我就可以比你便宜得多，或者同樣的價錢，我加個雞腿、滷蛋或一份水果沙拉。我的競爭力，就會比你強很多。

還不止如此，當我發現外賣訂單愈來愈多，線下占比愈來愈少時，我甚至可以把整個餐廳做成一個大廚房。

傳統餐廳大約百分之二十的面積是廚房，百分之八十的面積是前廳。那我乾脆不要前廳，租金成本又會陡然節省百分之八十！我會進一步優惠價格或者升級菜品。由此，我把另外百分之八十的前廳也變成廚房，提供巨大的「產能」，服務那些激增的需求。

而同時，在辦公大樓旁的街邊，租金高昂的餐廳，生意有可能愈來愈差，差到老闆開始懷疑人生：一定是我的顧客導向還不夠，產品導向也不夠。店老闆要求店員對客人要笑得更真誠，飯菜要更好吃。但是，這樣也未必能挽回曾經的輝煌。

這就是系統思維。第二章曾講過，零售業從傳統的「用商品差價，補貼資訊流成本」，向「不賣貨的體驗店」的轉變，也是一種優化「利益相關者的交易結構」的系統思維。

很多創業者有顧客導向，有產品導向，但卻缺乏系統思維，不理解「利益相關者的交易結構」。在時代變革時，黯然退場。

我不知道我們做錯了什麼，但是我們輸了。

你一定要相信，有時候不是你不努力，而是這件事本身就錯了。商場、超市、購物中心、電商，甚至現在的無人超市、快閃店等，都是一個個或大或小的零售系統，或新或舊，或高效或低效。本書所講的「數據賦能」、「坪效革命」和「短路經濟」，都是帶你從系統思維的角度，解構這些系統，優化組合，獲得新的增長動力。

我們把這些對系統的優化組合，叫作「商業模式創新」。

用進化思維，接受所有你曾經信仰的東西都不是最終的完美狀態，一切都在進化；用本質思維，不斷深挖，區分方法論和本質的差別，在變革時代，基於本質，尋找新的方法論；用系統思維，解構、重組所有本質的要素，吹去灰塵，重新闔上開關，看著澎湃的動力，推動你的商業模式一路飛奔。

02 新零售的未來

動筆寫這本書時，其實我有點糾結。因為用進化思維的觀點來看，現在我們所理解的「新零售」，總有一天，也會變成「舊零售」。我真的要花這麼多時間，寫一本注定要過時的書嗎？

但是，同樣站在進化思維的角度，什麼觀點不過時呢？我決定鼓起勇氣，寫下自己對這個變革時代的理解；同時，我決定一不做二不休，鼓起更大的勇氣，冒一個巨大的風險，不但總結過去，還要提出一些對未來的判斷。可能對，也可能錯，供大家參考。

代表工廠，還是代表用戶

作為零售商，上游是企業，即生產產品的工廠；下游是用戶，即購買產品的消費者。作為中間環節的價值傳遞者，你會選擇站在企業一方，代表工廠的利益，還是站在用戶一方，代表消費者的利益呢？在這個價值觀問題上，你會如何取捨？

也許你會回答：當然是代表消費者，消費者就是上帝。

但在過去，其實大部分零售商代表的都是工廠。為什麼？因為一旦進了貨，就要把產品賣出去。即便有時產品並不一定適合消費者，你也會巧舌如簧，讓他覺得自己需要。

過去的零售商以「把梳子賣給和尚」為榮，而馬雲說，「把梳子賣給和尚」相當於騙子。可是，為什麼你會告訴自己這是「話術」，萬一人家真有用呢？為什麼你要「騙自己」？因為工廠要考核銷售業績，給你不同的折扣力度，甚至決定明年是否給你代理權。

大多數零售商代表的都是工廠，但這是在正向商品供應鏈中的邏輯，隨著C2B、C2M等反向鏈條的出現，一切正在改變。

賣保險：只賣貴的vs.只賣對的

關於什麼是代表企業，什麼是代表用戶，我想以保險業為例加以說明。

從事保險銷售的企業或個人，有兩種銷售模式：一種是作為保險代理人，一種是作為保險經紀人。這兩種模式全然不同。

假設我是保險代理人，那我就要站在保險公司的角度，在公司價格體系內，想方設法和其他保險公司爭奪地盤。動用我的話術把保險產品賣給更多消費者，哪怕有時候消費者可能不需要保險公司的產品。這是因為我的利益主要來自保險公司的利潤分成，自然要幫保險公司把產品賣得愈多愈好。

如果我是保險經紀人，那就不代表任何一家保險公司。我會站在客戶的角度，了解他的需求，然後發揮專業優勢，幫他從無數公司和產品中，挑選出他最需要的保險產品。我還會去保險公司爭取折扣價，把產品提供給客戶，幫他進行性價比最高的配置。我主要從投保人那裡取得服務費，同時保險公司也會給我一定的佣金。

在這個價值觀選擇的問題上，過去大家認為，零售企業既然是幫工廠賣東西的，那當然是把東西賣得愈多愈好，大家賺的錢愈多，能分的利益也就愈多。但今天看來，這可能不是唯一正確的價值觀。

代表企業和代表用戶這兩種價值觀如今同時存在，甚至，成功的零售企業更多地選擇站在消費者一方，儘管它們的商業模式各不相同。

美國好市多超市：不賺差價，只賺會員費

還記得我們在第四章講的好市多的案例嗎？

好市多的基本價值觀不是站在企業的角度去賺用戶更多錢，而是站在用戶的角度，幫用戶省更多錢。它選擇了真正站在消費者一方。為什麼？因為它收取了消費者會員費。會員費的商業模式，把好市多和用戶綁在一條船上。

你不代表我去找更便宜的商品？你和其他超市價格差不多？那我明年不續

費了。

從好市多的角度來說，一旦決定要靠會員費來賺錢，立場就跟會員是一致的，會想盡辦法把東西賣得又便宜又好，這樣會員才願意續費。商品的毛利只是為了覆蓋營運成本，幾乎不需要在商品上賺取更多的利潤。

在產品高質量低價格的驅動下，會員自然有超高的忠誠度，二〇一六財年好市多北美會員續費率百分之九十，全球會員平均續費率百分之八十八。

為你精選商品，為你砍價，你付服務費就好。好市多扮演服務者的角色，站在用戶立場的成功商業模式，是很多企業學習的榜樣。站在用戶一邊，而不是企業一邊，成為一種趨勢。

阿里巴巴：競價排名，收取廣告費

還有一家選擇代表用戶的企業——阿里巴巴。阿里電商之所以成功，也是因為它把傳統的價值觀顛倒過來：主要不是幫工廠賣東西，而是幫用戶更好地買東西。

怎麼解釋這一價值觀呢?

阿里巴巴基於擔保交易的邏輯發明了支付寶，解決早期淘寶成立時，人們在線購物的誠信問題。買家要買東西的時候，先付錢，但錢並沒有到賣家的帳戶上，而是進了中間帳戶支付寶。支付寶收到貨款後，通知賣家，錢已支付，可以發貨。買家收貨後，沒有發現質量問題，點擊確認收貨，這時錢才會到賣家手上。

支付寶發明後，買家敢買東西了，因為手裡有權利，不滿意可以不付款，可以退貨。這就對賣家提出了很高的誠信要求，不能隨便寄有質量問題，甚至破損的商品給用戶。否則買家不付款或者退貨，不是白忙一場?

但這也可能造成過猶不及的結果，比如買家不誠信，收貨後假裝沒收到，不付錢。這對賣家是極不公平的，那該怎麼杜絕呢?

沒有一種方法是百分之百完美的，在這種情況下，阿里巴巴毫不猶豫地選擇站在消費者一方。

除了支付寶的保護傾斜之外，阿里巴巴對用戶的保護也體現在資訊的提供上。

過去我們在商場買東西，資訊是不對稱的，同樣的產品，不同商場的價格卻不一樣。而在淘寶上，根據價格、信用一排序，馬上就知道誰貴誰便宜，同樣的產品，你比別人貴一分錢，可能就會賣不出去。

還有一種資訊是淘寶上的信用值。前面買家的評價會影響後面買家的判斷，好產品、壞產品一目瞭然。賣家如履薄冰地做生意，不敢怠慢任何一個買家。

這就是淘寶做的事情，讓買家掌握權力，用支付寶等各種方式保護買家。站在買家的立場上，阿里巴巴成功做大，積累了大量賣家和買家，並從中找到了它的商業模式。

當賣家太多的時候，買家自然要用搜索的方式才能找到合適的賣家。但同一個產品的賣家實在太多，一個普通賣家可能翻幾十頁、上百頁都沒法被買家找到，於是，淘寶就提供了「直通車服務」。賣家通過競價排名的方式，提升自己的排名，買廣告位來展示自己的商品，阿里巴巴從中賺取廣告費。

這就是阿里巴巴的商業模式，本質上而言，它是一家廣告公司。但這種模式對賣家來說比較糾結：競價排名的方式提升了成本，投廣告的話，商品的中間差價幾乎都被平台吃掉；不投的話，買家又看不到，價格也不敢上提。最後的結果就是商品愈來愈便宜，阿里巴巴卻賺了很多錢。

貳、亞馬遜：電商平台收取賣家抽成

亞馬遜是美國最大的電商平台，有人說，亞馬遜是美國的阿里巴巴，其實兩者的賺錢方式、商業模式完全不同。

最大的不同體現在，你可以用谷歌等外部連結搜索到亞馬遜的商品。亞馬遜根本不在乎客戶是不是在自己的平台上搜索到商品。亞馬遜賺錢的方式不靠廣告，而是靠賣家的分成。比如賣家賣一件商品，亞馬遜收百分之二的抽成。不管是通過內部搜索還是外部連結找到商品，只要完成交易，亞馬遜就能從中賺到錢。

阿里巴巴收取的是廣告費，而亞馬遜收取的是交易費。雖然商業模式不同，但亞馬遜也是一個完全站在用戶立場的企業。它提供平台讓用戶搜索商品，同時會對商家進行嚴格的篩選和評估。亞馬遜不對賣家進行競價排名，一旦有用戶投訴商品有問題，被投訴的商品會立即下架，不管是多大的品牌。

因為嚴格把控質量，亞馬遜聚集了大批對品質有要求的客戶。對於價格，亞馬遜不做過多限制，讓賣家自行競爭，但死守質量這條線，讓用戶能夠選到真正有品質的商品。

除了收取提成，亞馬遜也推出了類似好市多的會員服務——Prime會員，九十九美元一年，可享受到讓人心動的服務。比如在快遞方面，美國一般需要三到五個工作日，Prime會員兩天內送達；在電子資源方面，超過三十五萬本Kindle電子書免費下載，擁有無限量的電視節目和電影觀看資格；還有無限量的照片儲存服務、不定期的會員專屬折扣活動……這些就是亞馬遜的底氣。

為什麼敢向用戶收費？其實也是基於站在用戶立場的價值觀，能夠幫用戶找到更好的商品，為用戶提供更好的服務。

只收會員費不賺差價、競價排名收取廣告費、提供平台收取抽成……從好市多、淘寶、亞馬遜這三個案例中，可以看到，雖然三家零售業巨頭的商業模式、賺錢方式完全不同，但都不約而同地選擇了站在用戶這邊。

在未來的商業世界，愈來愈多的零售企業會選擇用戶立場，為用戶提供更好的服務，而不是站在企業這邊，幫企業賣出更多的產品，這是個巨大的趨勢。

那你呢？是站在企業那邊，還是轉身成為用戶的代言人？

為資訊流付費，會成為趨勢嗎

在第二章我們講過，因為資訊流、現金流、物流這三個要素被網路切割，支付資訊流成本的傳統超商獲得不了應得的收益，愈來愈難以為繼。傳統的「用商品差價補貼資訊流成本」模式，將會受到挑戰。這一令人痛苦的挑戰正在不斷演化，其中一個演化方向是「不賣貨的體驗店」。

所謂不賣貨的體驗店，就是線下的資訊流成本，找到了新的買單者：品牌商。新的商業閉環形成，我們在前文列舉了很多這條路徑的探路者，比如耐吉、荷蘭內衣品牌 Lincherie、美國高端百貨公司 Nordstorm。

除了不賣貨的體驗店，資訊流成本還有別的買單方式嗎？直接為資訊流付費，看了東西就要給錢，有可能會成為一種趨勢嗎？

有些人可能覺得這是天方夜譚。直接為資訊流付費，看了東西就要給錢，會有人願意嗎？

其實真有人會。

我們在第二章一開始就提到了二〇一五年「38掃碼購」。這個活動不但引來瘋狂的消費者，還引來了這個世界上可能商業嗅覺最敏銳的一個群體：黃牛。

「38掃碼購」活動當天，在阿里巴巴大本營杭州文一西路翠苑的一家大賣場門前，有一群特殊的人拿著貼滿促銷商品條碼的展板駐守在入口處，而在上千公里外的北京，也有一批人拿著自製的條碼小冊子衝進地鐵站。

他們就是著名的「黃牛」。全國各地的黃牛，都在幹同一件事情：跑到沃爾瑪、家樂福，拿著手機把所有的商品都掃一遍，掃完之後分類，把折扣力度最大的商品集成一個小冊子，然後走進地鐵站。你等地鐵的三、五分鐘沒事幹，這時候，黃牛就會湊過來給你看，這個小冊子上每個東西都便宜三、五元，都是日用的必需品，隨便買買都便宜二、三十元。

很多人一看，東西確實很便宜啊，像衛生紙、牙膏之類家裡經常用到，買一些囤著不吃虧。

不錯吧？你只要付一元錢，就可以掃碼，購買這些便宜的商品。有人一算，自己要買的東西加起來能省幾十元，於是並不介意給黃牛一元錢。這些黃牛手裡拿的小冊子，本質上就是資訊流，那些折扣力度很大的產品的資訊流，換句話說，就是一本本「折扣超市」。

憑資訊流向消費者收費，是有可能的。一旦可能，新的商業閉環就會形成。超市的資訊流成本，也可以不向消費者收取，可以反過來直接向品牌商收取。未來，線下零售（比如超市、便利商店）還是會賣貨，但是收取品牌「上架費」，可能會成為其收入中愈來愈重要的一個組成部分。

什麼是上架費？商品放到貨架上，超市、便利商店就要收取一定額度的費用。上架費的本質就是資訊流展示的費用。超市、便利商店當然可以從商品的差價中賺錢，但同時，在人流量這麼大的地方展示商品，廣告的價值、體驗的價值和品牌的價值也不可小視。

在一個路邊燈箱做廣告，能有多少人經過？可能還不如超市裡路過產品貨架的人多。

廣告收入，也就是資訊流收入，也有機會成為超市愈來愈可觀的收入。直接為資訊流付費，這個商業模式如果真的出現，並且被驗證可行，還將帶來一個變化：通路服務化。

什麼是通路服務化？過去的通路，以及通路的末端「零售」，是以銷售而不是服務為商業模式的。比如，我們在逛街的時候會發現，雖然都是線下零售，但叫法卻不同，有的叫「百貨商場」，有的叫「購物中心」。

除了直接看名字之外，消費者要如何判斷一家線下零售是百貨商場，還是購物中心呢？看它們的收銀臺。

在傳統的百貨商場，每一層都有一個統一的收銀臺，而購物中心的每一家店內都有單獨的收銀系統，消費者不需要再跑到收銀臺結帳，在品牌的店裡就可以付款。

為什麼會這樣？因為它們背後的經營模式截然不同。

百貨商場的商業模式是「聯營制」。百貨商場從開發商手裡租來經營場所，然後再將其分租給商戶，並根據商戶的銷售額按比例扣點作為主要收入。為了獲取準確的銷售額基數，百貨商場是不會允許每個商戶自己收銀的，否則一定會少報、瞞報。所以，在百貨商場，每一層只有一個統一的收銀臺。你付的錢，先給了商場，商場扣完點後，再把剩下的給商戶。如果某個商戶的銷售額不高呢？那哪行！換掉。所以在百貨商場，從狹小的布局到銷售員的「如狼似虎」，你都能感受到一種濃郁的「賣貨」氛圍。

在中國，百貨商場的這種不用承擔銷售、庫存等經營風險，不占用大量資金和人力的聯營制，一度被百貨商們奉為寶典。

聯營制確實曾為中國百貨業帶來輝煌。但是，這種簡單粗暴的賺錢方式，在新的消費趨勢下受到愈來愈高效的零售模式的衝擊，比如購物中心。

購物中心背後的經營者是商業地產商，蓋好鋪面後再租給不同的品牌。購物中心允許品牌商單獨收銀，是因為只收取租金，品牌商賺多少錢都和它沒關係。購物中心裡的商鋪也賣貨，但是「吃相」沒有那麼難看。購物中心也捨得用大塊面積搭建公共區域和休閑區域，營造更好的購物環境與體驗。

比如年輕人都愛逛的「朝陽大悅城」，就是一個典型的購物中心。二〇一七年，朝陽大悅城在眾多購物中心中取得了非常亮眼的業績，年銷售額達四十一億元，全年客流超過兩千五百萬人，新增會員同比提升百分之九十，租金收入突破五．九億元，坪效同比增長百分之二十。朝陽大悅城取得這樣的業績，一是因為它捨得投入大塊的空間，舉辦各種各樣的展覽、主題空間、體驗館，甚至開設母嬰室；二是因為它不僅將店鋪租給品牌方，還提供升級服務，原創設計師品牌集合區能夠實現設計師在購物中心「拎包」開店。這和百貨商場的商業模式，有著本質的區別。

隨著在線下逛（獲得資訊流），在線上買（完成現金流），愈來愈成為趨勢，百貨商場這種以賣貨為目的的聯營制勢必會受到巨大的挑戰，而購物中心這種以體驗為目的的租金制，則相對更有優勢。

將來會有愈來愈多的經銷商因為在百貨商場裡開不下去，改為到購物中心開店，不再主要賺取商品差價，而是賺取服務費——給品牌商提供開設體驗店的服務，或者給消費者提供額外的增值服務。這就是通路服務化。

總而言之，線下店會繼續存在，但「賣貨」的作用愈來愈小，線下逛、線上買的比重，可能會愈來愈大。因此，商超從聯營制，將逐漸變為租金制；代理商從賺取差價，將逐漸變為賺取服務費。

無人商業模式，是曇花一現嗎

二〇一七年，有一股不可小視的力量，即各種「無人商業模式」在零售業如雨後春筍般湧現。首先是無人便利商店，然後是無人貨架，之後是各種形態的自動販賣機，以及網路出租汽車上賣東西，等等。

無人貨架算不算新零售呢？如果算的話，這種新零售能否長久存活，甚至最後獲得巨大的成功呢？

我們用系統思維來分析一下「無人商業模式」的交易結構。

首先，「無人商業模式」不是今天的首創。

在《超爆蘋果橘子經濟學》（*SuperFreakonomics: Global Cooling, Patriotic Prostitutes, and Why Suicide Bombers Should Buy Life*）中有這樣一個案例：二十世紀八〇年代，美國一位分析師保羅．費爾德曼每週五都會帶貝果到辦公室，犒賞員工。其他同事聽說後，也紛紛表示想要吃貝果，他便每週帶十五打貝果。為收回成本，費爾德曼在貝果旁邊擺了一個投幣籃，貼了一張價簽，同事們自覺向籃子裡投幣付款，成本回收率達百分之九十五。

後來，費爾德曼開始專職銷售貝果。僅僅幾年間，他的週送貨量就達到八千四百個貝果，業務遍及一百四十家公司。不過，並非每家公司的回收率都一樣高。面對現實情況，費爾德曼逐漸總結出，付款率只要超過百分之九十就是「誠實守信」的公司；百分之八十至九十的付款率「可氣但還過得去」；如果一家公司的付款率長期低於百分之八十，費爾德曼則會張貼一張警告標語。

你看，這不就是「無人貨架」嗎？今天，同樣的故事，正在不少公司的茶水間或辦公大樓的角落上演，只不過故事的主角變成一個裝有各種零食的無人貨架，投幣的籃子變成了QR code。

二〇一七年，除了共享單車和共享行動電源之外，無人貨架成為一個當之無愧的「新風口」。據統計，大概有五十多家無人貨架的創業公司湧入。中商產業研究院發布的《二〇一七年中國無人貨架市場前景研究報告》顯示，截至二〇一七年九月，已經有至少十六家無人貨架獲得投資，最高達三．三億元，融資總額超過二十五億元。

除了創業公司，許多大老也開始入局。二〇一七年十二月，阿里巴巴聯合美的集團推出「小賣櫃」，正式進軍無人貨架領域；看似和無人貨架八竿子打不著的「獵豹移動」，也布局了無人貨架，旗下「豹便利」從二〇一七年十一月初開始營運，已鋪設五千個點位；二〇一八年，蘇寧開始試水無人貨架，預計將在全國範圍內布局五萬組無人貨架「蘇寧小店Biu」，這位後發者試圖在無人零售領域實現彎道超車。

紅得發紫的「無人貨架」，其交易結構，是不是相較傳統小賣部或樓道裡的自動販賣機，更加高效呢？

判斷一個新的商業模式是否更高效，主要看這一模式讓整個系統節省了哪些成本，同時為節省這些費用，不得不新增了哪些成本。如果新增的成本小於節省的成本，那麼這個新的商業模式就更高效。

我們先來看看，無人貨架節省了哪些費用。

相對於樓下的便利商店，放在公司辦公室的無人貨架，節省了不菲的店鋪租金。同時，簡單到極致的貨架，幾乎沒有任何技術含量，沒有防盜，沒有紙幣識別設備，沒有硬幣盒找錢，沒有出貨口，等等，所以也不用像自動販賣機那樣，要耗費幾萬元去生產。相對於樓道裡的自動販賣機，無人貨架節省下來不少設備成本。

無人貨架從效率的角度，節省了店鋪租金和設備成本，但同時，也不得不新增一部分成本，那就是信任成本。

和封閉的自動販賣機相比，無人貨架是一種開放狀態。現在無人貨架的玩法有幾種：第一，貨架＋QR code；第二，貨架＋冷櫃＋QR code；第三，貨架＋冷櫃＋QR code＋攝影機。商品以洋芋片、泡麵、餅乾、辣條等日常零食，以及礦泉水、可樂、咖啡等軟飲料為主。

一眼看上去，你可能會誤以為這些是公司內部提供的免費福利；走近可以看到，貨架上標有明顯的「微信掃碼、自助購物」提示。

用更低的成本提供資訊流當然是好事，但這樣也帶來了顯而易見的現金流的風險。會不會有人拿了商品不付錢？這種可能性肯定會有，就像費爾德曼出售貝果的情形一樣。比如有人拿了東西就是不想給錢，或者當時網路不好，打算過一會兒再給，但是後來就忘了。相對於樓下的便利商店和樓道裡的自動販賣機，無人貨架注定是一種商品損耗更大的模式。

在這種需要依靠「天然信任」的模式之下，無人貨架有嚴重損耗的可能性。行業內目前普遍的說法是，百分之二十的盜損率是死亡紅線；而不少企業對外的口徑是，他們的盜損率維持在百分之五左右。一旦出現盜損率很高的投放地點，公司就會撤銷這個貨架。

凡事有一利，必有一弊。無人貨架是一個可行的商業模式，還只是曇花一現？這不是一個可以簡單回答的問題，因為它屬於那種典型的「邏輯成立，但數據也許不成立」的商業模式。

邏輯上，只要節省成本大於新增成本，這個模式就成立。可是數據顯示，節省成本大於新增成本嗎？只有靠實際運營起來，跑一跑數據才能知道。

然而，就目前來看，無人貨架的運營並不理想。二〇一八年年初，官方宣布日訂單突破百萬、率先成為行業獨角獸的「猩便利」，不斷傳出裁員、撤店的消息。幾乎同一時間，在北京已鋪設五千多個無人貨架的「七隻考拉」也被爆出裁員消息，並撤掉一些點位。

媒體報導，無人貨架項目「用點心吧」在鋪設完成六十四個無人貨架後，核對前端和後台數據時發現，貨損率超過百分之二十，最嚴重的甚至達到百分之三十九，有時後台顯示貨架上還有不少商品，補貨人員卻發現貨架早已上演「空城計」。

一家無人貨架的創始人表示：我們經常看到有人拿了東西卻不付款，雖然都是辦公大樓裡的白領，也不見得就有多高的覺悟和素質。

有很多無人貨架，上架一個多月後就被迫撤櫃。原因無他，就是因為拿的人多，付款的人少，每天都要不斷地補貨，才能維持運營。在一些辦公大樓投放的無人貨架面臨嚴重的商品丟失問題，有些點位的商品幾乎全部丟失。很多情況下，甚至是無人貨架公司的補貨人員直接順手牽羊，反正沒有任何監控措施。披著新零售外衣的無人貨架，銷售體系實際退回到了比雜貨店還隨意的原始狀態。

很多倒閉的無人貨架公司創始人感嘆道：不是我們不努力，而是人性太險惡。真的是這樣嗎？就算真的如此，規避人性的風險，難道不是做這種生意必須具備的能力嗎？這些風險，真的無法規避嗎？

舉個例子，外賣送餐員一般騎的都是電動車，電動車雖然沉，不容易被盜，但是車的電瓶特別容易被偷走。可是，又不能讓快遞員每次送餐上樓都帶著電瓶，這樣會浪費大量的時間和體力。怎麼辦？

有一家外賣公司是這麼做的：當外賣員到達一個住宅區的時候，公司系統會根據歷史數據給他發送一條消息，提示他這個住宅區的安全狀況好不好，是否需要把電瓶拎上樓。這樣，外賣員就可以根據實際情況來處理。

那外賣公司是如何知道這個住宅區是否安全的呢？通過以往經驗中的實際情況統計出的數據資訊。這樣一來，有的地方需要拎電瓶，有的地方不用，外賣員的送餐效率就達到了一種最佳的平衡。所以說，數據帶來的營運效率是有機會控制信任成本的。

總之，無人貨架是一個「邏輯成立，但數據也許不成立」的商業模式，是否真的能成功，需要「跑」一段時間。有強大營運基因的團隊，如果能找到根據數據控制信用風險的方法，這個模式將可能成為新零售的代表。

同理，各種煮麵、榨柳橙汁、煮咖啡的自動販賣機，也都是「邏輯成立，但數據也許不成立」的商業模式。我們需要拭目以待，用數據來驗證模式。這個領域中，從來不缺乏勇敢者的嘗試，但往往缺乏智慧的運營。

無人超市又如何呢？

二〇一七年十月，京東首家無人超市在其總部大樓開業，綜合運用人臉識別、無線射頻識別標籤、自動感應等技術，同樣提供無須收銀、「拿了就走」的體驗。十二月三十日，京東還把無人超市開到三線城市烟臺。

除了網路公司，「娃哈哈」、「伊利」等傳統企業也宣布打造適合自身特色的無人便利商店。無人超市迅速成為風口，甚至成為人們口中新零售的代表。

風頭正盛的無人超市到底算不算新零售？我們可以從資訊流、現金流、物流三方面來分析無人超市到底做了什麼。

在資訊流方面，無人超市依然用同樣的面積去展示商品，同樣的庫存、水電等成本，其資訊流成本跟傳統的超市相比，並沒有得到提升；消費者買完商品後，仍然需要自己把商品帶走，因此，其物流成本也沒有得到節省。

無人超市最大的改變是少了收銀人員，它在每個商品上黏貼無線射頻識別標籤，消費者出門之前會經過一個長長的過道，自動識別技術能夠識別消費者身上帶了哪些從超市拿走的商品，然後直接通過在線支付結算。

在現金流環節省掉了收銀員，這是無人超市「節省的成本」，但與此同時，也有「新增的成本」，比如複雜設備的成本、資訊標籤的成本。因為沒有人管理超市，貨品的擺放很快會變得愈來愈亂，還會增加一些理貨成本。從成本結構來看，我很難認同，節省的成本一定高於新增的成本。

因此，這也是為什麼阿里巴巴前執行長、嘉御基金創始人衛哲公開說：我特別反對無人超市。如果沒有更加明顯的效率提升，無人超市很有可能變為大公司秀肌肉的方式，而不是創業者的真正機會。

蒐集流量，腦洞打開了嗎

二〇一八年開年的第一個風口是直播答題。雖然和零售關係不大，但它告訴我們，未來流量的獲取方式，特別是線上流量的獲取方式，肯定不會侷限於老套的那幾種。

直播答題模仿的是美國的HQ Trivia（一款小知識互動遊戲），這款產品的iOS（蘋果公司開發的移動操作系統）版本於二〇一七年八月正式上線，二〇一七年十二月，HQ Trivia將獎金提升到一萬美元，同時在線人數一度達到四十萬左右。

二〇一八年一月三日，王思聰在微博上發佈「我撒幣，我樂意」、「每天我都發獎金，今晚九點就發十萬」等刺激性話語，以推廣自己投資的「沖頂大會」應用程式。

很快，各路玩家相繼加入戰場。截至目前，網路行業俗稱的BAT（百度、阿里巴巴和騰訊）三大巨頭和ＴＭＤ（今日頭條、美團點評和滴滴）三小巨頭全部加入戰局，紛紛推出自家的直播答題產品，再加上小米、３６０、網易、58同城、陌陌、映客、一直播等，中國幾乎稍具平台規模的網路公司都投入到這場答題游戲中來。

在王思聰為「沖頂大會」發微博的六天之後，一月九日，美團與花椒旗下的「百萬贏家」展開首次商業合作，開啟百萬專場，其中植入四道美團相關的問題。同日，「趣店」成為「映客」旗下答題應用「芝士超人」的首位廣告主，廣告費為一億元，幾乎媲美知名綜藝節目的冠名費用。隨後，百度「簡單搜索」、「華為X7」、京東等，都爭相成為直播答題的「金主爸爸」。別人看到的是一場又一場的撒幣狂歡，而我看到的是一種流量的全新獲取方式。在這些平台上，因為大額獎金的吸引，大家爭相答題，都覺得自己可能會中獎，參與的人特別多。

一月三日九點場的「沖頂大會」，十萬元獎金帶來二十八萬在線流量，每個用戶的流量成本僅為〇．三五元；百萬英雄一場兩百萬元獎金的直播答題吸引了一百七十五萬直播觀眾，平均一．一四元的單個用戶成本，也並不高。要知道，現在單個用戶平均獲客成本已經達到十元甚至更高。

之前是廣告主把錢直接給平台，直播答題出現後，廣告主通過平台直接把錢分給用戶。而廣告主更加喜歡答題的直播觀眾，因為他們文化水平較高，注意力也更集中。畢竟答題的短短幾秒內，不易被分散注意力（比如不可能同時打王者榮耀），因此廣告價值也更大。

這說明什麼道理？過去，線下零售找流量的方式已經非常成熟，用四個字——黃金店面，就能總結線下找流量的所有邏輯。但從線下到線上之後，人們發現流量極度分散，獲取流量的方式愈來愈難，成本愈來愈高。漸漸地，幾乎所有的產品經理都發現，低成本獲取流量的方法，是網路最現實、最值錢、最缺乏的技術。

更重要的是，線上獲取流量的方法和線下的套路並不一樣，各種各樣的方式都有可能成為吸引流量的辦法。行動上網這一新工具出現後，吸引流量的方式變得碎片化，五花八門，還有各種各樣的組合，就怕你的腦洞不夠大。

比如，之前提到的魔急便，簡單來說，它就是滴滴上的無人貨架，在行動上網帶來現金流便捷性的前提下，魔急便將觸角伸到乘客身上，乘車也成為它獲取流量的場景。

利用行動上網帶來的現金流的便捷性，讓愈來愈多的公司開始滿世界找新流量。雖然無人貨架這一模式目前的營運出現問題，未來能否成功也尚未可知，但我們要清楚地知道，各種無人模式其本質都是用來蒐集流量的方式。

未來，流量的蒐集方式是碎片化的、零散的、多樣的。上面的例子就是要告訴大家，不要死守任何一個你認定正確的流量來源。比如，你覺得在家門口開個小店這個模式永遠不會錯，因為小店天然自帶流量，但你不能死守這一流量來源。

在行動上網這一大趨勢下，流量結構一旦變了，就沒什麼是必然正確的，一定要重新思考流量的底層邏輯，然後去嘗試各種各樣腦洞大開的流量獲取模式。新模式營運兩三年，不斷糾錯，不斷調整，最終確定新格局。

後記

一九九七年，黃明瑞創立了大潤發超市；十多年後的二〇一〇年，大潤發取代家樂福，成為當時中國大陸零售百貨業的冠軍；二〇一一年，大潤發與歐尚合併，在香港上市，成為中國最大的零售商。黃明瑞被稱為「陸戰之王」。

這時，如果你對黃明瑞說：小心馬雲，六年後，你會被阿里巴巴收購。估計黃明瑞會仰天狂笑：馬雲是哪根蔥！

但是很快，黃明瑞感受到了電商的威力。二〇一三年，他創立了「飛牛網」，打算抵禦馬雲和劉強東。他說，他最大的希望就是劉強東和馬雲都來「罵」他。但是馬雲、劉強東根本不「罵」他，他們直接「忽視」他。

他們罵我就有動力，我們天天找他們來罵，但他們就是不罵，我們心裡蠻挫折的。

二〇一七年十一月，阿里巴巴斥資兩百二十四億元，收購了大潤發。

二〇一八年一月，黃明瑞在大潤發的年會上感慨地說：

我們贏了所有對手，卻輸給了時代。

真是讓人唏噓。

但是，大潤發真的輸給這個時代了嗎？未必。零售的戰場，硝煙仍然四起，群雄還在逐鹿。只是坦克出現了，人們開始學會打閃電戰；網路出現了，人們開始學會打網路戰。戰局愈來愈複雜，但誰也不敢說勝負已定。

凡是過往，皆為序章。

不管是零售業的老兵，還是網路的新兵，祝願你們都能充分理解新零售這一「新戰場」的本質，找到自己的最佳戰略，贏得戰爭，成就更大的輝煌。

NOTE

NOTE

好想法23

新零售狂潮

數據賦能×坪效革命×短路經濟，優化人、貨、場效率，迎接零售新未來

新零售：低价高效的数据赋能之路

作　　者：劉潤
責任編輯：魏莞庭
校　　對：魏莞庭、林佳慧
封面設計：兒日
美術設計：洪偉傑
寶鼎行銷顧問：劉邦寧

發 行 人：洪祺祥
副總經理：洪偉傑
副總編輯：林佳慧
法律顧問：建大法律事務所
財務顧問：高威會計師事務所
出　　版：日月文化出版股份有限公司
製　　作：寶鼎出版
地　　址：台北市信義路三段151號8樓
電　　話：（02）2708-5509　　傳真：（02）2708-6157
客服信箱：service@heliopolis.com.tw
網　　址：www.heliopolis.com.tw
郵撥帳號：19716071 日月文化出版股份有限公司

總 經 銷：聯合發行股份有限公司
電　　話：（02）2917-8022　　傳真：（02）2915-7212
製版印刷：中原造像股份有限公司
初　　版：2019年4月
初版四刷：2021年2月
定　　價：350元
I S B N：978-986-248-799-0

© 劉潤 2018
本書中文繁體版由北京木晷文化傳媒有限公司通過中信出版集團股份有限公司授權
日月文化出版股份有限公司在香港澳門台灣地區
獨家出版發行。
ALL RIGHTS RESERVED

國家圖書館出版品預行編目(CIP)資料

新零售狂潮：數據賦能×坪效革命×短路經濟，優化人、貨、場效率，迎接零售新未來／劉潤著 -- 初版. -
臺北市：日月文化，2019.04
320面；14.7 X 21公分. --（好想法；23）
ISBN 978-986-248-799-0（平裝）
1.零售業　2.產業分析
498.2　　108002464

◎版權所有，翻印必究
◎本書如有缺頁、破損、裝訂錯誤，請寄回本公司更換

日月文化集團 HELIOPOLIS CULTURE GROUP

客服專線 02-2708-5509
客服傳真 02-2708-6157
客服信箱 service@heliopolis.com.tw

廣告回函
台灣北區郵政管理局登記證
北台字第 000370 號
免貼郵票

日月文化集團 讀者服務部 收

10658 台北市信義路三段151號8樓

對折黏貼後，即可直接郵寄

日月文化網址：**www.heliopolis.com.tw**

最新消息、活動，請參考 FB 粉絲團

大量訂購，另有折扣優惠，請洽客服中心（詳見本頁上方所示連絡方式）。

大好書屋　寶鼎出版　山岳文化

EZ TALK　EZ Japan　EZ Korea

大好書屋・寶鼎出版・山岳文化・洪圖出版 EZ叢書館 EZKorea EZTALK EZJapan

日月文化集團
HELIOPOLIS
CULTURE GROUP

感謝您購買

新零售狂潮

數據賦能×坪效革命×短路經濟，
優化人、貨、場效率，迎接零售新未來

為提供完整服務與快速資訊，請詳細填寫以下資料，傳真至02-2708-6157或免貼郵票寄回，我們將不定期提供您最新資訊及最新優惠。

1. 姓名：________________ 性別：□男 □女
2. 生日：______年______月______日 職業：
3. 電話：（請務必填寫一種聯絡方式）
（日）__________（夜）__________（手機）__________
4. 地址：□□□ ______________________
5. 電子信箱：______________________
6. 您從何處購買此書？□__________縣/市__________書店/量販超商
□__________網路書店 □書展 □郵購 □其他
7. 您何時購買此書？ 年 月 日
8. 您購買此書的原因：（可複選）
□對書的主題有興趣 □作者 □出版社 □工作所需 □生活所需
□資訊豐富 □價格合理（若不合理，您覺得合理價格應為______）
□封面/版面編排 □其他______________________
9. 您從何處得知這本書的消息： □書店 □網路／電子報 □量販超商 □報紙
□雜誌 □廣播 □電視 □他人推薦 □其他
10. 您對本書的評價：（1.非常滿意 2.滿意 3.普通 4.不滿意 5.非常不滿意）
書名______ 內容______ 封面設計______ 版面編排______ 文/譯筆______
11. 您通常以何種方式購書？□書店 □網路 □傳真訂購 □郵政劃撥 □其他
12. 您最喜歡在何處買書？
□__________縣/市__________書店/量販超商 □網路書店
13. 您希望我們未來出版何種主題的書？______________________
14. 您認為本書還須改進的地方？提供我們的建議？

____

____

____

____

好想法 相信知識的力量

the power of knowledge

寶鼎出版

好想法 相信知識的力量

the power of knowledge

寶鼎出版